U0078003

5G
革命
AI

前言

5G 的發展是未來的趨勢，科技大廠紛紛開展了 5G 的研發和應用，有合作，也有競爭。而隨著 5G 的普及和在各行業應用的加深，許多企業都必須擁抱 5G，依託先進技術來促進自身的發展。

對於各企業來說，在 5G 的研發與應用中，挑戰與機會並存。一方面，5G 的研發與應用需要企業投入大量的人力與資本，會在一定時間內影響企業的發展；另一方面，作為一種新興的技術，企業的研發也都處於同等地位，最先研發成功的企業也將迎來爆發式的發展；而若企業不主動出擊，就會在競爭中處於不利地位，甚至被市場淘汰。因此，為了自身的發展，企業一定要勇於抓住機遇，積極研發新技術，引入新應用，使企業的發展跟隨時代潮流，這樣企業才會獲得生機與活力。

本書對 5G 在各行業的研究現狀和發展前景做了詳細的講解，並結合圖表和案例，使得內容表述更加簡潔、易懂，便於讀者學到更多有實用價值的知識和方法，以及技巧。藉由本書，企業可以瞭解 5G 的應用優勢，便於為自身的發展尋找更有效的途徑。

本書內容及結構

第 1 ～ 3 章是對 5G 的介紹，包括 5G 的標準、關於 5G 的不同觀點、發展歷程、優勢和挑戰、特點與關鍵技術等。通過對本部分的學習，讀者可以對 5G 有充分瞭解，為以後的學習打下堅實基礎。

第 4 ～ 15 章主要闡述了 5G 在各行各業的研發現狀及應用前景，包括：5G 與人工智慧、5G 與智慧製造、5G 與農業、5G 與智慧城市、5G 與智慧物流、5G 與新零售、5G 與智慧醫療、5G 與車聯網及智慧駕駛、5G 與智慧家居、5G 與娛樂產業、5G 與教育、5G 與社交等面向。本部分穿插了一些經典案例，旨在讓讀者更加深切地體會到 5G 的巨大優勢和潛力，清楚地知道 5G 具體可以被應用到哪些產業，發揮什麼樣的作用。

第 16 章講述當前不同國家與企業在 5G 研發方面的成果，不少國家與企業都加緊了對 5G 的研發與應用，並由此產生了各種與 5G 相結合的先進的應用。藉由本章的閱讀，相信讀者會對未來 5G 的發展產生更多的期許。

目錄

Chapter 1 掌握 5G：標準 + 觀點

Chapter 2 利用 5G 優勢，面對挑戰

Chapter 3 5G 的特點、關鍵技術與網路架構

Chapter 4 5G + 人工智慧，極富挑戰性的科學

Chapter 5 5G 推動智慧製造

Chapter 6 5G + 農業，全方位的智慧化

Chapter 7 5G，打造全面智慧城市

Chapter 8 5G，助力智慧物流

Chapter 9 5G+ 新零售，開啟購物新模式

Chapter 10 5G + 智慧醫療，實現高效便捷

Chapter 11 5G 助力車聯網與智慧駕駛

Chapter
12 智慧家居與建築

Chapter
13 5G 支援娛樂產業，實現全新娛樂體驗

Chapter 14 5G + 教育：保障成長的未來

Chapter 15 5G+ 社交，賦予社交新場景

Chapter 16 5G 已來，國家與企業之間的競爭

掌握 5G：標準 + 觀點

5G 也稱第五代行動通訊技術，理論上，下載速度可達到 1.25Gb/s，無論是物聯網還是網際網路的進步都成為推動 5G 發展的重要因素。當今，全球各地都在大力推廣 5G。本章將具體介紹 5G 的標準、關於 5G 的不同觀點和 5G 的過去與未來。

本章摘要：

1.1 5G 的標準

未來的 5G 不斷朝著多元化、智慧化方向發展，智慧終端普及後，行動通訊流量也會迅速增長。5G 標準的制定也逐漸成為國際組織需要探討的問題，5G 標準新一輪的投票交鋒也再次引發了大眾的普遍關注。

1.1.1 5G 的標準是什麼

在 2017 年 12 月，首個 5G NR 正式凍結並發布，這不僅意味著 5G 標準的順利落地，也預示著 5G 時代的開啟。

5G NR 確立了基地台與終端之間的通信頻段，低頻為 600MHz、700MHz 頻段，中頻為 3.5GHz 頻段，高頻為 50GHz 頻段。5G NR 是手機與基地台的連接方式，同時也是 5G 的「最後一哩」環節，其內容主要包括以下三點。5G NR 的內容如圖 1-1 所示。

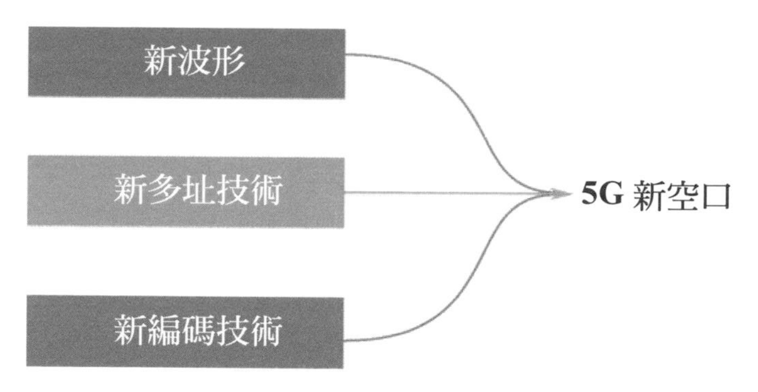

圖 1-1 5G NR 的內容

1. 新波形

如今，4G 的波形已經無法滿足 5G 的需要，而新波形則能夠有效提高頻譜的利用效率，降低不同子帶之間的保護成本，適應不同業務對頻段的不同要求。對於 5G NR 而言，新波形是一個非常重要的基礎。

2. 新多址技術

新多址技術主要用於 5G NR 的分配，是提高資料連接速率的法寶。因為新波形實現了頻段、時域的靈活性，所以要想進一步提升頻譜的利用效率，就要從空域和碼域入手。5G 引入了稀疏的碼本，使碼域多址提升了 3 倍，並降低了資料延遲。

3. 新編碼技術

新編碼技術的目的是用較低的成本實現訊息的準確傳送。在誤碼率相同的情況下，成本越低，編碼效率越高。極化碼的出現，提高了編碼的糾錯功能，解決了垂直可靠性的問題，降低了譯碼的難度與感測器的功耗。

總之，上述 5G NR 的三大內容都有各自的作用。首先，新波形統一了基地台的基礎波形，提高了頻譜的利用效率；其次，新多址技術和新編碼技術提高了資料連接的速率與可靠性，充分滿足了 5G 的發展需要。

可以肯定的是，5G NR 建立以後，無論是在無人駕駛、智慧城市應用，還是在智慧醫療、智慧家居等產業，各大運營商都將進行 5G 場景化測試，推動 5G 儘快普及。

1.1.2 推進 5G 標準的兩大國際組織

5G 的全球化推進離不開國際組織的支持，3GPP 和 GSMA 就是和通信技術相關的兩大國際組織。其中，3GPP 主要對 5G 標準進行制定，而 GSMA 則專注於 5G 的運營推廣。

3GPP 的全稱是「Third Generation Partnership Project」（第三代合作伙伴計劃），最初，該國際組織的目的是為 3G 網路制定全球通行的標準，之後又確立了 4G 網路的標準。目前，3GPP 正致力於 5G 標準的研究，而且據相關資料顯示，3GPP 的七大成員如圖 1-2 所示。

圖 1-2 3GPP 的七大成員

上述七大成員負責在 3GPP 發布技術規範後，結合各自區域的需求，將此技術規範轉換為個性化的標準。

3GPP 組織中有項目協調組（PCG）與技術規範組（TSG），PCG 負責 3GPP 的管理、工作計劃及分配等，TSG 負責技術方面的工作。3GPP 制定的端到端系統技術主要由手機、無線接入網、核心網和服務四個系統組成，手機上網和接打電話都是透過這四個系統協作實現的。通常來說，3GPP 制定 5G 標準的步驟如圖 1-3 所示。

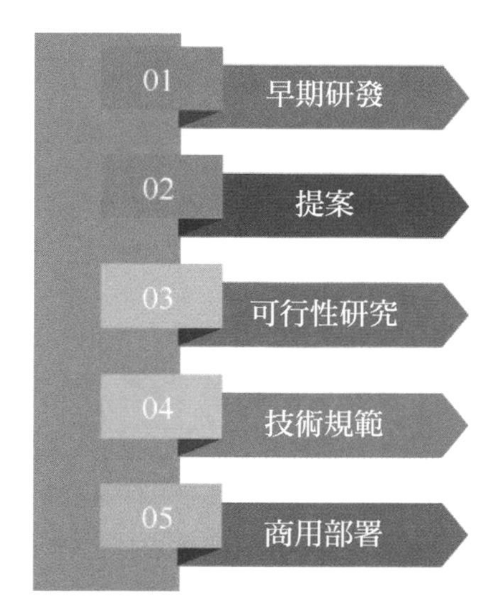

圖 1-3 3GPP 制定 5G 標準的步驟

1. 早期研發

由 3GPP 成員提出願景或需求，並進行早期研究，如果系統或功能可行，再交給 3GPP 進行審核。

2. 提案

所有成員都可以向 3GPP 進行提案，但是提案必須獲得至少四個成員支持才會生效。提案經由標準制定組集體討論，如若被採納則進入下一環節：可行性研究。

3. 可行性研究

經過多輪測評和考核後，項目組將提案總結成技術報告，再交由標準制定組決策，測評後，若在技術上可行，則進入下一環節：技術規範。

4. 技術規範

技術規範就是將任務劃分為若干技術模組，並完成，而後經過 TSG 決策，最終形成發布版本。

5. 商用部署

5G 標準制定完成後，各成員必須按照 3GPP 的規則，將 5G 進行商用部署。在這一過程中，可能會出現需要改進的環節，這時就需要向 3GPP 遞交變更請求，得到回饋後，方可進行相應的改進。

除 3GPP 以外，另一大國際組織 GSMA（全球行動通訊系統協會）也會參與進來，主要負責 5G 的運營、推廣。GSMA 是代表全球運營商的國際組織，連接了全球行動網路系統中近 800 家運營商，以及近 250 家企業。

2019 年 2 月，GSMA 發布了一篇「智慧連接：如何將 5G、人工智慧、大數據和物聯網組合和改變一切」報告，該報告主要介紹了 5G 對於未來生活的改變，具體內容如下。

1. 數位娛樂方式

報告詳細介紹了 5G 虛擬實境在遊戲、電視、電影中的實際應用。例如，使用者在家中頭戴 VR 耳機觀看比賽就會有身臨其境之感，在遊戲中也可獲得更好的社交互動體驗。

2. 安全快速的運輸

5G 和其他裝置的對接，可以準確定位汽車、行人的即時位置，對車輛速度進行智慧調配，不僅能夠提昇車流量，也可有效避免交通事故的發生。對於天氣、塞車等情況，人工智慧也能做出合理安排，為使用者提出合理建議。

3. 工業連接

將工業機器人用於工程裝置的生產和維護，可以降低用人成本，透過 5G 還能實現對工廠和裝置的遠端操控，提高生產效率。

4. 智慧農業

5G 應用到智慧農業中，能夠對化肥和水利設施的使用施行即時監測，有效提高農作物產量，同時減少資源浪費。

綜上所述，3GPP 和 GSMA 兩大國際組織為 5G 標準的制定和實施做出了巨大貢獻，而且，未來還將繼續為 5G 的普及不斷努力。

1.1.3 5G 標準投票的交鋒

一般來說，5G 標準需要各國經過一系列複雜的流程和數輪投票才可以正式確立。從 2016 年到現在，3GPP 已經發起了三次關於 5G 編碼方案的投票，交鋒的主角有三個，分別是 Polar、LDPC 和 Turbo。

LDPC、Polar 分別由美國學者和土耳其學者提出，而 Turbo 則由歐洲主導研發，是 4G 正在使用的一種編碼。2016 年 8 月，在 3GPP 的第一次編碼投票中，這三種編碼被列為 5G 增強行動寬頻的備選技術，並被正式提案。但是此次會議，三者均由不同成員支持，票數較為分散，因此還需要進行下一輪投票。

3GPP 的第二次編碼投票於 2016 年 10 月召開，此次投票的「大贏家」是 LDPC 和 Polar。LDPC 由於技術上的優勢明顯，共獲得 Ericsson（愛立信）、Sony（索尼）、Sharp（夏普）、Nokia（諾基亞）、Samsung（三星）、Intel（英特爾）、KT（高通）、Lenovo（聯想）等 16 家企業的支持，而 Polar 提案則得到了華為的認可。

另外，LG 和 NEC 則認為應同時應用 Turbo 和 LDPC 兩項技術，另有中興、努比亞、小米、酷派等七家企業認為應同時應用 Polar 與 LDPC 兩種技術。因為在此次投票的最後階段，華為選擇棄權，所以 LDPC 以壓倒性優勢獲得了長碼方案資料的投票，而短碼方案則為待定狀態。

2016 年 11 月，第三次 3GPP 大會主要對短碼方案和控制信道進行了進一步討論。在短碼方案的投票中，聯想和摩托羅拉等企業都和華為一同支持 Polar 方案，但無奈不敵高通、愛立信和其他一大批西方老牌企業對 LDPC 的支持，最終短碼方案也敗給 LDPC。在控制信道的投票中，Polar 共獲得了中國移動、中國電信、中國聯通三大運營商，以及大唐電信、摩托羅拉、VIVO、OPPO、聯發科等企業的支持。

從上述投票的過程可以看出，Polar 終於在各個企業的聯合支持下贏得了控制信道的投票，但 LDPC 也因高通在國際上的影響力和較為成熟的技術獲得了較多支持。

1.2 關於 5G 的兩種不同觀點

目前對於 5G 有兩種不同的觀點，一種觀點認為 5G 是一個全新的技術，而不是在 4G 上的演變；另一種觀點認為 5G 是 4G 的進化，4G 是 5G 的奠基石。由於 5G 還處於研發階段，因此，以上兩種觀點也為今後 5G 的應用提供了新的可能。

1.2.1 5G 將是全新技術

5G 時代即將來臨，其速率明顯高於 4G，並擁有 4G 無法比擬的優勢。華為無線網路市場總監認為，5G 將是全新的技術，也是科技的一次質的飛躍，推動著網路架構不斷地提升。截止 2018 年 5 月底，5G 標準達成一致之前，全球的通訊大廠都在為 5G 做準備。

1. 華為

華為一直在進行 5G 的研發，新線路作為 5G 的關鍵技術也同樣引起了華為的重視。華為透過對 All-Cloud 技術的研發，大大提升了網路傳輸速率，並在此基礎上建立了全新的網路傳輸系統，也將 25GWDM-PON 技術放入 5G 的構架當中，成為解決 5G 傳輸問題的關鍵一環。

2. 思科

思科是來自美國的全球網際網路供應商，在 5G 的線路建設上，其採用 QSFP-DD 的 5G 光器件標準，並透過 Double-Density 技術為 5G 提供強大的聚合能力，同時，還致力於儘快實現單模組支援 400Gb/s 鏈路。

3. 諾基亞

諾基亞的自主技術研究平台設計的 1830 PSE-3 是為資料中心建立的資料交換裝置，散熱和功耗都保持在較低水準，用戶端的運轉速率可達 100 到 200Gb/s，線路端可達 400Gb/s；諾基亞的另一款 1830 Mobile Transport 裝置運用了演算法機制和無源光調製，有效降低了 5G 的延時，非常適合小基地台和交換機之間的網路傳輸。

4. Finisar

Finisar 是全球領先的光器件商，對於 5G 的通信系統也著力推出了 200Gb/s、/400Gb/s 光器件裝置，以及 CFP4 和 CFP8 系列產品，其中，CFP 系列產品的封裝模式還獲得了傳輸主幹網裝置製造商 Ciena 的支持。

5. 英特爾

英特爾為儘快適應 5G 的應用也開拓了光器件事業部，並根據資料中心需求，設定了獨特封裝標準的 QSFP CWDM8，用 8 個 50Gb/s 鏈路並聯限度實現總傳輸速率 400Gb/s，同時研發了能適應極端溫度的 100Gb/s 的 QSFP28 模組。

由此可見，通訊大廠都在為迎接 5G 的到來做準備。正是因為 5G 是全新的技術，所以，各大企業才需要加大研發力度，開發新的網路路線和裝置。

5G 不只是技術的發展，更是一次變革，這意味著網路架構需要提升，5G 對網路的需求與 4G 不同。雖然 4G 仍會不斷演進，但其不會演變成 5G，5G 將是一項全新的技術。

1.2.2 5G 是 4G 的必然演進

5G 已得到了許多國家的重視，新技術的發展是使用者和時代的共同需求，任何國家的企業想要在未來獲得盈利，終究離不開對 5G 的應用。在這種情況下，以中興為代表的不少企業支持「5G 是 4G 的必然演進」這一觀點。

任何新一代技術，都不可能和上一代技術一樣，5G 不同於 4G，它們在技術原理、執行方式、部署的辦法等方面都十分不同，但若沒有 4G 的技術作為根基，或者說如果沒有 5G 對 4G 的傳承，那麼 5G 的發展也是空中樓閣。

5G 不是橫空出世的，5G 是 4G 技術的演進，沒有 4G 的基礎就沒有 5G。

很多 5G 研發機構也是選擇兩條腿走路：一方面推動 4G 的演進，一方面研發 5G。

5G 的大寬頻和高傳輸速度，是對 4G 寬頻的演進，加大頻寬是開始，由此產生的毫米波、微基地台、波束賦形等都是其發展的技術趨勢。5G 對大規模天線陣列等、新型 NR 設計的技術很多也是基於 4G 網路發展而來的。

例如，軟 NR 技術，它融合了 Pre5G 的硬體處理技術，使運營商實現了 4G 到 5G 的升級。在 4G 到 Pre5G 的發展中，終端保持不變。Pre5G 到 5G 的過程中，基地台也不用更換。

5G 是在 4G 的基礎上升級而來的，是技術的積累和演進，沒有 3G、4G 的發展，就沒有 5G。5G 的演進是技術發展的必然結果，也是使用者需求提高的必然要求，當然，也要有創新才能實現演進。

1.3 5G 的過去與未來

5G 是時代發展的產物，分析 5G 的過去與未來可以更清晰地了解 5G 發展的脈絡，了解其與 4G 的不同和未來的發展趨勢。

1.3.1 5G 有多快

「5G 究竟有多快」是不少使用者非常關注的問題，迅捷的網速也是 5G 實際應用的重要條件。2019 年 4 月 25 日，美國電信運營商 AT&T 宣布，其測試的 5G 的速率已經達到 2Gb/s。但是目前 AT&T 網路條件下還沒有配套使用的 5G 手機，三星即將推出的 S10 將會成為 AT&T 的 5G 訂製手機。

美國著名 IT 雜誌選擇在德克薩斯戶外對 AT&T 的 5G 進行測試，結果顯示，行動裝置距離基地台 46 公尺時訊號強度最大，網速最快，其中筆記型電腦的下載速度可達 1.3Gb/s，但是三星 S10 的速度僅為 465Mp/s。而且 5G 的訊號在距離基地台 183 公尺左右會大幅減弱，並出現不穩定的狀態。

建築物對 5G 的訊號也會有較大程度的影響，在同樣距離基地台 90 公尺的情況下，無建築物遮擋時的網速可達 319Mp/s，而在透明玻璃式的建築物的遮擋下，網速則僅為 92Mb/s。由此可見，雖然 5G 的網速和 4G 相比已經出現了質的飛躍，但是在實際應用中還會存在訊號不穩的問題，所以還需繼續維護和調配以適應實際需要。

很多使用者也會十分關心 5G 的計費情況，因為網速快勢必會帶來流量的增加，按照目前流量的計費模式，5G 的計費也必然是一筆很大的開銷。AT&T 的 CEO 預測 5G 的計費很有可能會以網速為基礎，而不是沿用傳統的方法。

1.3.2 5G vs 4G

5G 的網速明顯超過 4G，那麼 5G 和 4G 還有哪些不同？ 5G 又會給未來的生活帶來哪些改變？這已經成為不少使用者關心的問題。本節將主要從技術區分、現實生活變化、5G 未來發展三個方面進行詳細介紹，5G vs 4G 如圖 1-4 所示。

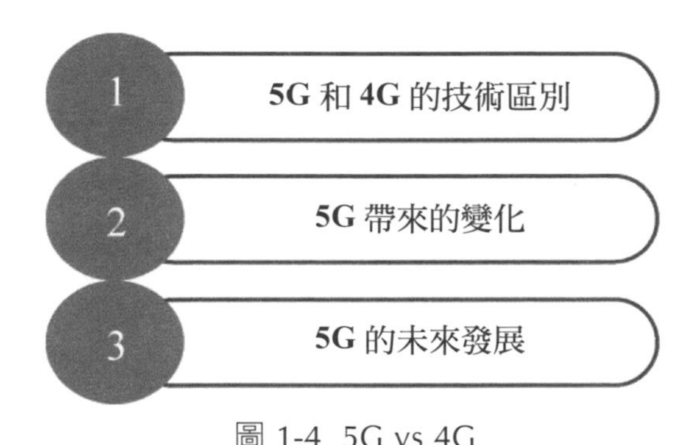

圖 1-4 5G vs 4G

1. 5G 和 4G 的技術區分

（1）頻段不同

5G 的網速比 4G 更快，網速取決於電磁波的頻率，頻率越高，網速越快，即當電磁波處於較低頻段時，網路的覆蓋率較大，消耗的資源也較多。於是，5G 就充分利用了閒置的高頻段資源，大幅度提高了網速。

（2）時延性降低

5G 的每千平方公尺連接數能達到 4G 的 100 倍。因此，和 4G 相比，5G 的延時能大幅度降低，並對現實生活產生較為明顯的影響。

2. 5G 給現實生活帶來的變化

（1）物聯網的發展

透過 5G 的應用，資料處理的精細度有了很大提高，物聯網終端也可以直接連結到智慧城市、智慧家庭、智慧物流等諸多方面。

（2）無人駕駛技術的革新

由於 5G 具有低時延的特點，無人駕駛技術也將更加成熟。首先，低時延的資料聯網可以防止無人駕駛汽車行駛到塞車和施工的路段，以提高出行的效率；其次，可以避免疲勞駕駛，降低交通事故的發生機率。

（3）VR（虛擬實境技術）的實踐

VR 的發展還不夠成熟，不少使用者都反映，使用 VR 的時候，經常會有眩暈感，這主要是因為資料的傳播速度和大腦、眼睛的反應速度之間出現延遲，讓身體產生不適。5G 的低時延能有效解決這個問題，使 VR 的廣泛應用指日可待。

3. 5G 的未來發展

預計在 2019 ～ 2024 年，全球將有 88 個市場實現 5G 的運營，5G 的網速會有更大提升，延時也將大大降低。另外，不少業界人士認為，5G 將會取代 WiFi，因為目前 WiFi 的優勢在於價格低、網速快，但是當 5G 發展到一定階段時，基地台也將被取消，費用也會進一步降低，這時，WiFi 的優勢將會完全失去，很有可能被 5G 代替。

1.3.3 未來的 6G 需求

5G 的網速是當前 4G 的 10 倍，而 6G 的網速理論上可達到 1Tb/s，即 5G 的 100 倍。也就是說，使用 5G 下載一部兩個小時的高畫質電影只需要 2 秒，而使用 6G 下載則只需 0.01 秒，相當於無卡頓線上觀看。

隨著行動通訊技術的進步，5G 將逐漸實現萬物互聯。使用者只需要一支手機就可對智慧家居進行遠端控制，也可在下班之前就讓機器人做好家務，同時實現對房屋的即時監控，隨時呼叫無人駕駛汽車等。

當前 5G 主要解決的是訊息傳遞速率問題，距離真正的萬物互聯還有一定差距，但是，6G 就很可能真正達成萬物互聯的目標。

此前，已有專家指出，6G 可透過地面無線和衛星即時系統連接全球的訊號，即便是在偏遠的鄉村，訊號也可以暢達無阻。此外，6G 還能透過全球衛星定位系統、地球圖像系統和 6G 地網的連接，準確預測天氣變化和自然災害，防患於未然。

6G 有哪些特點？ 6G 在技術上的表現有網路「緻密化」、空間復用和動態頻譜技術 + 區塊鏈共享等特點，6G 的技術特點如圖 1-5 所示。

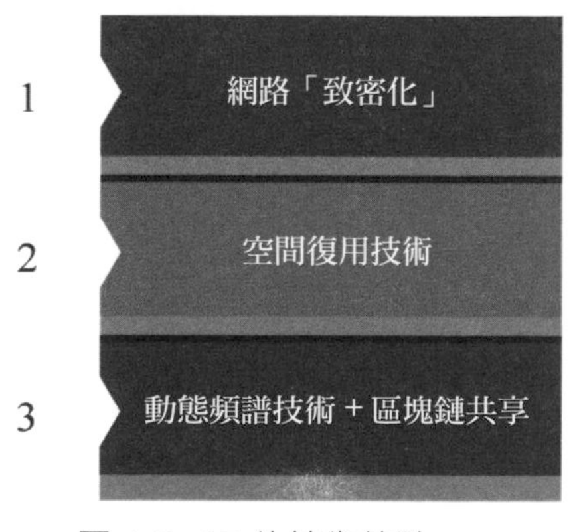

圖 1-5 6G 的技術特點

1. 網路「緻密化」

6G 和 5G 最大的不同就是網路的緻密化水準更高，小基地台的數量也更多。6G 使用的是 100GHz ～ 10THz 的太赫茲頻段，頻率高於 5G，網速也明顯快於 5G。這是因為頻率越高，寬頻範圍越大，傳輸的資料量也就越多。並且，高頻段的開發也能擴展寬頻的資料傳輸。

但是訊號的頻率越高，波長就越短，訊號能夠繞開障礙物的能力就越弱。由於 6G 的訊號傳播範圍小於 5G，所以在 6G 時代，需要密度更大的小基地台來保證訊號有效傳播。

2. 空間復用技術

空間復用技術是指 6G 基地台可透過成千上百個無線連接，將 5G 基地台的容量擴充 1000 倍。不過，雖然 6G 使用的太赫茲頻段訊息容量較大，但仍需面對提高覆蓋率和抗干擾等方面的問題，畢竟頻率越高，損耗越大，訊號的覆蓋率就會相應減弱。

5G 也和 6G 面臨同樣的問題，目前是透過 Massive MIMO 和波束賦形這兩項技術進行解決。Massive MIMO 是透過增加天線的數量的方式減少訊號的耗損，而波束賦形則是指透過演算法對波束進行管理，使波束形成和聚光燈一樣的訊號覆蓋，提高訊號的傳播率。這兩項技術對於未來 6G 技術的應用也同樣具有建設作用。

3. 動態頻譜共享 + 區塊鏈

6G 網路採用「頻譜共享」而不是「頻譜拍賣」的方式實現訊號的智慧分布。「頻譜拍賣」是指透過對頻譜公開拍賣的方式將某頻段授權給使用者，這種方式的應用主要集中在歐洲和美國等地區。但是「頻譜拍賣」的方式不能適應 6G 時代頻譜利用需求，因此，6G 網路很有可能採用「區塊鏈動態頻譜共享」的方式合理安排資源的配置。

從 6G 網路的技術討論中可以看出，6G 網路的應用也並不是遙不可及的想像。5G 毫米波技術的基礎理論早在 2000 年就已經完成；而 6G 技術的太赫茲頻段也有不少國家開始研發，相信 6G 時代不久就會到來，給人們的生活帶來更多的變化。

利用 5G 優勢，面對挑戰

5G 的發展面臨著各種挑戰，其中較為嚴峻的就是技術和市場。同時，5G 的優勢也十分明顯，毫米波、小基地台、波束成形、全雙工等為 5G 的發展帶來了技術上的支持。

本章摘要：

2.1 5G 面臨的挑戰

在國際組織 3GPP 的協商和通訊大廠及運營商的共同努力下，5G 標準正在逐步建立。不過，5G 的應用還是面臨著很多挑戰。

2.1.1 頻譜：缺乏一致性

對於 5G 來說，頻譜屬於稀缺資源，分配上缺乏一致性已經成為自身應用中必須要面臨的挑戰。許多國家都採用競標來作為頻譜分配的主要方式。例如，西班牙 5G 頻譜的總投標價格為 4.37 億歐元，韓國 5G 頻譜拍賣的總費用高達 3.61 萬億韓元，中國 5G 頻譜則採用分配方式。

那麼，頻譜是什麼？為何各國運營商都要不惜重金將其拍下？頻譜又會對 5G 未來的發展有何影響？日常生活中的手機、廣播、WiFi 等都是透過電磁波進行訊號的傳遞，這一傳遞需要固定的頻段。無論是手機還是 WiFi 的頻譜範圍都在 3Hz ～ 300GHz，這部分頻譜統稱為無線電頻譜。

不同的頻譜段有不同的應用，5G 也有自身的頻譜。例如，美國通信委員會就將 5G 無線網路的頻譜設定在 28GHz 頻段。但是，由於較低頻段的頻譜基本都已經用於廣播、電視等訊號的應用，而高頻段頻譜的資源開發又困難重重，所以用於 5G 的高頻段頻譜屬於稀缺資源，開發較少，價格昂貴。

5G 和 4G 相比，需要更高的頻譜效率和更多的頻譜資源，以及更密集的頻譜部署，雖然通信效率提高，但是對於技術的要求也相應提升，5G 具體的頻譜資源分配現狀、分配後頻譜資源的使用現狀如下。

1. 頻譜資源分配現狀

目前地面行動通訊網路屬於全球共享範疇，各國設定各自的通信管理機構對頻譜資源進行管理和分配。各國的頻譜管理委員會負責將頻譜資源分配給各大運營商，有的國家的頻譜向運營商無償分配，如中國；而有的國家則以競拍方式向運營商出售頻譜使用權，如歐美等國家。

2. 分配後頻譜資源的使用

如果將全段頻譜比作一塊「土地」，那麼 2G、3G、4G 的開發就相當於選定這塊頻譜「土地」上的一部分進行耕作。但是每一塊土地都有專屬「耕作權」，只能供一種技術使用。國際上對於 5G 頻譜的使用已有了合理分配，2018 年 6GHz 以上高頻段分配情況及用途如表 2-1 所示。

⬇ 表 2-1 2018 年 6GHz 以上高頻段分配情況及用途

頻段	分配 / 用途
24.25 ～ 27.5GHz	行動、固定、無線電訊號、無線電定位、衛星間、衛星固定（地對空）、衛星地球探測（空對地）、空間研究（空對地）
31.8 ～ 33.4GHz	固定、無線電導航、空間研究（深空）、無線電定位、衛星間
37 ～ 40.5GHz	行動、固定、無線電導航、無線電定位、衛星固定（空對地）
40.5 ～ 42.5GHz	固定、衛星固定（空對地）、廣播、衛星廣播
42.5 ～ 43.5GHz	行動（航空除外）、固定、衛星固定（地對空）
45.5 ～ 47GHz	業餘、衛星業餘
47.2 ～ 50.2GHz	行動、固定、衛星固定（地對空）
50.4 ～ 52.6GHz	行動、固定、衛星固定（空對地）、射電天文

截止 2018 年 8 月底，全球已經有超過 40 個國家和地區的頻譜監管機構已經開始著手相關頻譜的使用規劃。

3. 提高頻譜利用率方式

5G 的專業技術人員指出，由於 5G 時代對資料流量的需求迅猛增長，對頻譜數量的需求也遠遠超過之前行動資料對頻譜數量需求的總和，因此，對於稀缺頻譜的供需矛盾也成了 5G 時代的顯著特點。

在頻譜資源有限的情況下，提升頻譜的利用率成為研究人員需要思考的重要課題。但是從頻譜的分配看，已經獲得某段頻譜的運營商在不使用該段頻譜時，其他運營商業也沒有使用權，導致頻譜利用率低下。將低利用率的頻譜從運營商手中收回，經過整合後再進行重新拍賣和採用動態頻譜技術成為提高頻譜利用率的兩大方式。

2.1.2 市場：可用性成為阻礙

5G 應用需要面臨的另一大挑戰是可用性較差。即便如此，2019 年還是被稱為「5G 元年」。

5G 具有速率高、時延低和大寬頻等優勢，具有更廣闊的發展前景。雖然 5G 的市場前景廣闊，但是 5G 的商用普及還面臨著很多阻礙。

1. 基地台密度大、成本高

由於 5G 使用的頻段較高，同等天線高度下，5G 相較 4G，訊號的傳播距離較近，因此就需要建設更多基地台保證 5G 訊號的全覆蓋。從運營的角度上說，就是需要投入更多成本建設基地台，在商業應用中也會因為成本過高而導致普及困難。

2. 5G 手機價格高，普及難度大

雖然三大運營商已經保證 4G 向 5G 的升級，不換卡、不換號，但是定價高昂的 5G 手機費用，其市場接受度仍有待觀望。總之，5G 的應用面臨著基地台密度大、建設成本高和智慧型手機升級的市場認可度等問題，只有解決了這些問題，5G 的應用才會被推廣。

2.1.3 技術：滿足長期多樣化需求

相關市場調查顯示，預計到 2020 年，全球的 5G 手機擁有量將突破 6,500 萬台，但是 5G 手機投放市場後的技術問題是影響其長期發展的重要因素。

1. 頻段難以統一

使用者以往使用的 4G 手機普遍支援「全球通」功能，無論身處哪個國家，只需更換成當地運營商的 SIM 卡，就可輕鬆實現網路連接。但是 5G 手機需要毫米波和更寬頻段的支援，單憑更換 SIM 卡恐怕難以實現真正的「全球通」，這會給不少使用者帶來不便。因此，實現 5G 的「全球通」也將成為運營商面臨的技術上的巨大挑戰。

2. 續航差，機身笨重

5G 手機的續航效果較差和機身過於笨重等問題可透過外掛基帶的方式解決，但是基帶工藝和 SoC 工藝之間差距很大，手機的儲存空間會變小，執行時溫度也會快速升高。

除此之外，5G 手機的耗電量將是 4G 手機的 2.5 倍，因此需要更換更大的電池以保證手機的續航能力，以現在 4,000mAh 左右的電池計算，

5G 手機在半個小時內就會將電量耗盡。因此，手機的續航能力也是需要突破的問題之一。

3. 使用者更換手機動機不足

5G 手機能向使用者提供物聯網、車聯網等新的應用場景，並且具有網速快、低時延的特點，但是對於攝影、視訊通話和遊戲等功能，5G 能提供的技術變革並不大。很多使用者滿足於當前 4G 手機的應用，更換 5G 手機的意願並不明顯。

從技術需求上看，5G 應用仍然存在頻段難以統一、5G 手機續航差、機身笨重、使用者更換手機動機不足等問題，這些都是以後需要改進的。

2.2 5G 的優勢

雖然 5G 面臨挑戰，但是技術的進步也同樣為 5G 的應用帶來機遇，5G 諸多核心技術的發展為 5G 的發展打下了堅實的基礎。

2.2.1 毫米波

毫米波是 5G 的核心技術，為訊號帶來高效率的傳播。5G 主要分為 FR1 和 FR2 兩個頻段。FR1 的頻段範圍為 450MHz ～ 6GHz；FR2 的頻率範圍則為 24.25 ～ 52.6GHz，也就是毫米波。

很長一段時間，毫米波處於未經開發的狀態，很少有電子元件或電子裝置接收或發送毫米波，這是因為毫米波需要更大的寬頻和更快的資料傳輸效率，以往的行動寬頻很難達到。除此之外，毫米波的耗損大、傳播距離短、價格昂貴都是它沒能被廣泛應用的原因。

但是隨著行動通訊技術的快速發展，較低頻段資源幾乎被分配完畢，而較高頻段的毫米波就剛好解決了頻段的分配問題。目前使用的 30GHz 以下的頻段都可以放置到毫米波的低端區域，還能擁有至少 240GHz 的空餘頻段。毫米波的速率也較高，4G 的頻段頻寬為 100MHz，資料傳輸速度超過 1Gb/s，而毫米波的頻寬則可達到 400MHz，資料的傳輸速率則可達到甚至超過 10Gb/s。

使用毫米波的價格也實現了有效地降低。透過使用小至幾十甚至幾奈米的電晶體和 SiGe、GaAs 等新型材料、新工藝，毫米波製作上的難題也很快被攻克，促進了毫米波的普及與應用。常用的毫米波被分為以下四個頻段，毫米波的頻段如表 2-2 所示。

表 2-2 毫米波的頻段

Ka 波段	26.5 ～ 40GHz
Q 波段	33 ～ 50GHz
V 波段	50 ～ 70GHz
W 波段	75 ～ 110GHz

根據 3GPP 協議對 5G 毫米波的使用規劃，規定了三段頻率：n247（頻率為 26.5 ～ 29.5GHz），n258（頻率為 24.25 ～ 27.5GHz）和 n260（頻率為 37 ～ 40GHz），使用 TDD 制式。

為什麼毫米波的頻段不能任意使用？這主要是因為大氣中的氧氣和水蒸氣會吸收某些頻段的電磁波。水蒸氣會對 22GHz 和 183GHz 附近頻段的電磁波造成影響，而氧氣則會對 60GHz 和 120GHz 附近的電磁波造成干擾，所以規定頻段必須避開以上頻段。

毫米波在行動通訊產業的應用，也有兩個明顯優勢。

1. 安全性提高

限制毫米波應用的另一大因素是傳播距離較短、損耗過大，所以想要提升毫米波的應用就要提高發射功率和訊號接收的靈敏度，降低訊號的耗損。但是毫米波傳播距離較短，也為毫米波的應用帶來了優勢，能夠有效降低毫米波之間的訊號干擾，而高增益天線的使用也有效地增加了毫米波的傳播範圍。這樣一來，毫米波傳輸訊號的安全性增加了，傳播範圍也有效擴大了。

2. 有效減小天線尺寸

毫米波的另一個優勢是高頻段的應用能有效減小天線尺寸。因為如果天線尺寸是固定的，波長越高，則使用的天線長度越短。例如，900M GSM 天線長度能達到 20 公分，而毫米波的天線長度則只有 2 釐米。因此，在同樣的空間內，裝置商就可以放置更多的天線，同時彌補了毫米波需要增加天線數量來彌補路徑耗損的問題。

透過技術與工藝上的進步和毫米波的先天優勢，實現毫米波應用的 5G 就可以提供高畫質影片、虛擬實境、智慧城市、無線通訊服務等業務，為 5G 的應用提供更多可能。

2.2.2 小基地台

小基地台有哪些特點？基地台主要用於訊號的發射，最常見的就是連接電網的鐵塔。按照基地台的發射頻率和覆蓋範圍可分為四種類型：宏（Macro）、微（Mirco Pico）、皮（Metro）、飛（Femto）。基地台的四種類型如表 2-3 所示。

表 2-3 基地台的四種類型

類型	單載波發射功率	覆蓋能力（理論半徑）
宏基地台	12.6W 以上	200 公尺以上
微基地台	500mW ～ 12.6W	50 ～ 200 公尺
皮基地台	100 ～ 500mW	20 ～ 50 公尺
飛基地台	100mW 以下	10 ～ 20 公尺

以上四種基地台類型中，除宏基地台之外都是小基地台。宏基地台的特點是覆蓋範圍較大，但是功率大，成本也較高；而小基地台則擁有覆蓋範圍小，但安裝靈活的特點，相較於宏基地台，更適用於室內應用。

5G 需要為使用者解決訊息傳遞的高容量和低延遲要求，因此，在新的頻段下建設高密度的小基地台也成為 5G 運營的關鍵。小基地台頻段的建設具有一定彈性，支援公分波和毫米波技術，能夠有效降低能耗，減少干擾，同時小基地台還能滿足 5G 的需求，將在未來 5G 的發展過程中為使用者提供更好的服務體驗。

2.2.3 Massive MIMO

Massive MIMO 技術是 5G 使用的一種大規模天線技術。Massive MIMO 天線在天線數方面和傳統的 TDD 天線明顯不同，TDD 天線的通道數通常為 4/6/8，而 Massive MIMO 天線的通道數則可達到 4/128/256。

除了天線數不同，Massive MIMO 訊號的覆蓋範圍也大大加強，從之前平面式的訊號傳遞變為垂直立體式的訊號傳遞。該技術的優勢較為明顯，Massive MIMO 技術六大優勢如表 2-4 所示。

表 2-4 Massive MIMO 技術六大優勢

優勢一	提供豐富分空間自由度，支援空分多址 SDMA
優勢二	BS 利用相同時頻資源為數十個行動終端服務
優勢三	提供多種路徑，提供訊號的可靠性
優勢四	減少小區峰值吞吐率
優勢五	提升小區平均吞吐率
優勢六	降低對周邊基地台干擾

為什麼 Massive MIMO 有如此多的優勢？原因就在於，當空間傳輸信道的空間維度擴展時，兩兩空間信道就會趨於正交，可以區分空間信道，降低干擾。

那麼 Massive MIMO 該如何應用？主要分以下三個步驟。

1. 多天線陣列的 Massive MIMO 試點

Massive MIMO 使用的是在 3D 空間範圍內向使用者發送較窄波束的天線技術，並能透過對訊息的相關性估計、使用者匹配和抗干擾模型，有效抵禦訊號干擾，將頻譜效率提高 4 ～ 6 倍，並且使用者小區的平均吞吐率也能有效提升，實現資源傳播率的提高。

5G 使用 Massive MIMO 技術，能有效提高網路訊號分配，並且降低高層建築對訊號的遮擋問題。

2. 5G 新技術的商業規劃

5G 新技術的商業規劃已經展開。北京某熱點商業區占地面積為 3.52 平方公里，共包含四個主題商業區：國際貿易中心展示區、亞太時尚潮流引領區、國際購物核心區、慢生活商業休閒體驗區。

該商業區域內包含一條集商業和文化為一體的景觀大道，全長 5.3 公里，計劃設計為 5G 全場景覆蓋試點。根據商業中心的具體需求，無線訊號的覆蓋率為：2 ～ 10 層建築達到 80% 覆蓋率，11 ～ 20 層訊號覆蓋率為 15%，1 層和 20 層以上建築的訊號覆蓋率為 2% 和 6%，而景觀大道和徒步區等人流密集地區則要保證 5G 訊號全覆蓋。

3. Massive MIMO 效果驗證

Massive MIMO 技術和以往的 8 通道天線相比，覆蓋率明顯增強，而且提供了垂直空間的賦形效果，並且透過與宏基地台資料進行比較，單站定點的裝置小區的下行容量提升了 3 倍，而上行容量則提升了 3.7 倍。

由此可見，和以往的 8T8R 宏基地台相比，Massive MIMO 基地台的垂直波束能大大提高頻譜效率，也能有效降低訊號干擾。同時，5G 可在現有基礎上解決 4G 的諸多難題。

例如，4G 對高層建築的覆蓋難問題，同樣是 30 公尺高、樓間距為 100 公尺的天線，Massive MIMO 可覆蓋大約 25 層樓高的訊號，而 8T8R 宏基地台則只能覆蓋 10 層樓高的訊號。

綜上所述，Massive MIMO 技術透過試點應用、商業規劃和效果驗證等步驟，逐步對站點性能進行分析最佳化，並對試點的訊號覆蓋進行預判。根據天線測試分析結果，提升站點整體水準，為未來 5G 廣泛應用做準備。

2.2.4 波束成形

我們常遇到這種情況，當房間內只有一個人時，訊號很好，但是當房間內人數逐漸增多，撥打手機的訊號也會逐漸變差。頻譜復用的目的就是為房間內的每個人都提供足夠的訊息資源。

毫米波確保了頻譜足夠分配，那麼如何高效地分配這些頻譜？例如，同一個房間內有若干人都有彼此通話的需求，為避免相互之間的干擾，可採用以下方法：

- 說話人按順序輪流發言。
- 說話人同時發言，但採用不同音調。
- 說話人之間用不同語言交流，只有通曉相同語言的人才能互相理解。

以上通話方式分別代表三種頻譜復用方式：時分復用、頻分復用、碼分復用。在實際的頻譜復用中，三種方式也可結合使用，但是沒有一種方法可以解決使用者同時用網、全頻譜資源同時使用等問題。設想一下，房間內若干人的交流需求是否可以透過使用傳聲筒的方式解決，這就是波束成形技術的基本原理。

在無線通訊中，按照特定方向實現電磁波傳播的空分復用，就能有效減少訊號傳播過程中的浪費，並且在發射端和接收端的 Massive MIMO 也能改善通信品質，讓電磁波按照特定方向傳播，也就是「波束成形」技術，它能夠有效解決訊號分配問題，所以房間內人數眾多，網速並不會受到影響。

那麼「波束」又是什麼？以光束為例，手電筒中射出的一道光稱為「光束」，而電燈的光射向房間的各個方向，則不能成為「光束」。波束也是一樣，只有在電磁波的傳播方向一致時才能形成「波束」。波束的應用由來已久，雷達原理就是透過波束的發射計算與波束前方物體的距離。通信衛星，也就是常見的「鍋蓋天線」，利用的也是波束原理，雖然衛星距離天線很遠，訊號耗損嚴重，但是利用「鍋蓋」天線就能準確接收衛星訊號，提高訊號的接收率。

如何實現波束成形？波束成形的原理並不複雜，以光波為例，將不透明的物體圍成一個柱形，遮擋光並防止光向不同方向散射，形成光束。但是在無線通訊產業，遮擋不能防止電磁波的散射，還需要採用其他方法。

在無線通訊中，電磁波由天線發射到空氣中，再由接收端的電線進行接收。天線的方向性就決定了電磁波的發射方向，但是普通的天線沒有固定的發射方向，和電燈發射散射光一樣，只能發射散射電磁波。通常的解決方法和「鍋蓋天線」類似，可在終端安裝一個較大的接收器，但是接收器的體積過大，很難安裝到手機等小型的行動裝置上。單一天線形成的波束需要終端的接收器不斷轉動才能收到訊號，顯然也並不現實。因此，波束成形需要智慧天線陣列才能實現。

總之，波束成形能有效改善頻譜的利用率，也可實現大量使用者的同時通信，有效提升 5G 傳播訊息的效率，為使用者帶來更好的服務體驗。

2.2.5 全雙工技術

全雙工技術是指在同一訊息通道上同時進行接收和發送，能有效提高頻譜傳播和接受效率，是 5G 的核心技術之一。全雙工技術的原理類似於在兩個方向不同的車道上，來往車輛自由行駛，不會相互干擾。用手機通話時既能說話，也可以聽到對方的聲音，使用的就是全雙工技術的原理。在 5G 的應用中，面臨著全雙工技術的挑戰，解除訊號之間的干擾才能充分發揮全雙工技術的優勢。

全雙工技術面臨的挑戰有哪些？雙工技術分為頻分雙工和時分雙工。頻分雙工是指透過兩個對稱的訊號通道發送和接收訊息，而時分雙工則是發射和接收頻率在同一訊號通道的不同時段進行。以上兩種雙工技術都不能算得上是真正的全雙工技術，因為兩者均不能實現同一訊息通道同時進行訊號的發送和接收。

全雙工技術成功克服了頻分雙工和時分雙工的缺點，真正保證發射和接收訊號同時進行，大大提高了訊號傳輸和接收的效率。但無線傳輸中發射訊號本身會對接收訊號造成較大干擾，導致採用全雙工系統後訊號傳輸受阻。

天線在發射訊號時，對接收訊號造成的干擾過大，並且由於雙工器洩漏的問題、天線反射的問題，發射訊號和被接收的訊號相互影響，形成很大的干擾，這也是全雙工技術難以實現的原因。為了消除天線在發射和接收訊號時的自干擾，可透過控制發射訊號實現，因為發射訊號已知，可以將發射訊號作為參考。發射訊號的參考訊號只能從數位基帶獲取，但是當數位訊號轉換成模擬訊號之後，就會承受失真的影響。

除此以外，為了減少訊號接收的飽和，還要注意轉換器和接收端之間的限制，這樣就能保證轉換器和輸入模的干擾訊號小於固定值。

全雙工技術的優勢有哪些？全雙工技術最明顯的優勢就是無線頻譜效率的提高，同時還能大大降低時延，全雙工技術的應用可以為 5G 帶來以下進步：

- 全雙工技術使用統一的信道傳播和接收訊號，相較於頻分雙工和時分雙工，傳輸和接收資料的效率能提高一倍。
- 全雙工技術和時分雙工相比，能夠有效降低時延。例如，在傳輸封包時，不必等待第一個封包傳輸完畢再進行下一個資料的傳輸，重傳延時明顯降低。

總之，全雙工技術透過降低天線發射訊號對接收訊號的干擾，實現同訊息通道同時的資料傳輸，有效提高了 5G 資料的傳輸和接收效率，降低了資料的傳輸時延。

❷ 利用 5G 優勢，面對挑戰

5G 的特點、關鍵技術與網路架構

任何產業都離不開新技術的開發，5G 的技術創新也在滿足使用者需求的過程中不斷發展演變。5G 網路本身具有網速快、覆蓋廣、高續航和低延時等特點，這些都離不開 5GNR 的關鍵技術和新的網路架構的支持。

本章摘要：

3.1 5G 的四大特點

行動網路的發展給人們的生活帶來了明顯改變。5G 時代的網路則具有高速度、高覆蓋率、高續航、低時延等特點。因此，5G 時代，人們的生活場景也會因技術的變革而發生新的變化，使人們感受到不同的服務體驗。

3.1.1 高速度，做到一秒下載

速度快是 5G 最直觀的表現，5G 的傳輸峰值速度能達到 10Gb/s，而 4G 的傳輸速度則為 100Mb/s。理論上，5G 的速度是 4G 的 100 倍。中國聯通於 2019 年 4 月在官網上公布的資料顯示，聯通和中興合作的 5G 機型網路測速已經達到 2Gb/s。5G 現實應用中的速度也可達 200Mb/s，網速遠超光纖，下載一部 2 小時的高畫質電影只需幾分鐘。

2019 年 4 月舉辦的「Hello 5G 賦能未來」通信大會由中國電信主辦，在大會上推出了和 5G 配套使用的眾多智慧終端，為 5G 未來的技術發展打下基礎。

大會上公布了「建立 5G 智慧城市群」合作項目，預計到 2022 年，廣東及周邊地區的城市群落的 5G 站點建設將到達 3.4 萬個，有望成為世界級的 5G 產業聚集區和綜合應用區。大會對 5G 高速網路的優勢進行說明，也讓來訪嘉賓對 5G 進行實地體驗。

1. 商用步伐加快，使用者體驗提升

大會的主題演講「加快 5G 的商用步伐」中強調，5G 便捷的網速，應以使用者的體驗為本，聚焦技術的核心創新，為萬物互聯的訊息化社會的到來做好準備。

2. App 高畫質影片秒開，下載速度穩定

大會共展示了 10 種 5G 機型，主要包括華為 Mate20X 5G、三星 S10 5G、小米 MIX3 5G 版和 vivo NEX 5G 等。記者在大會現場選擇了華為 Mate20X 5G 和 OPPO Reno 5G 兩款機型進行網速體驗。

在 5G 網路下，記者使用以上兩款 5G 手機能夠做到線上觀看高畫質影片不卡頓，並且下載 100Mb/s 以內的 App 基本上能在 2 秒內完成。

3. 雲端遊戲的應用，玩家暢快體驗

在大會現場，記者還使用 5G 對雲端遊戲進行了現場體驗。由於 5G 高吞吐量和低延時等特點，使玩家不受手機記憶體容量的限制，可以輕鬆地在手機端操作大型遊戲，讓玩家不再受地點和裝置的限制。

由此可見，5G 快捷的網速不僅能應用在商業上，還能豐富使用者休閒娛樂的體驗。

3.1.2 高覆蓋率，覆蓋每個角落

不少使用者可能會擔心，5G 訊號的覆蓋面積是否受限，事實上，5G 小基地台的密集分布和無線小蜂窩產品能有效解決 5G 的覆蓋問題。

1. 白盒小基地台

在 2019 年 2 月舉辦的世界行動通訊大會上展示的白盒小基地台成為解決未來 5G 開放式入網的重要技術之一，也成為 5G 逐漸走向商用的重要一環。白盒小基地台能夠在 3,300 ～ 3,600MHz 頻段下執行 5G 網路，能有效解決大部分 5G 室內覆蓋的容量問題。

2. 無線小蜂窩產品

無線小蜂窩產品也就是 5G 無線點系統的出現，成功滿足了使用者在 5G 時代對室內寬頻使用的要求。5G 無線點系統安裝方便，並且在 3 ～ 5GHz 的 5G 頻段內，網速可高達 2Gb/s。

不僅如此，透過在 5G 系統搭配無線小蜂窩方案，還能進一步加強室內的網路連接，大大提高網速和網路容量，保證多人在房間內同時上網，網速不下降。

無線小蜂窩解決方案的出現不僅加強了網路的室內覆蓋，而且對於 5G 在無線網路點系統的升級也有所幫助，只需要在原有基礎上增加頻率和容量等。

在白盒小基地台和無線小蜂窩產品技術的支援下，5G 的覆蓋範圍將大大增強，也將加速 5G 的商用推廣，提升使用者對 5G 的使用體驗。

3.1.3 高續航，解決頻繁充電問題

5G 手機和 4G 手機相比不僅是網速的提升，手機的功耗也明顯上升，5G 晶片的耗電量為 4G 的 2.5 倍，而 5G 手機的大容量電池和無線充電技術為延長 5G 手機續航能力打下了堅實的基礎。

1. 大容量蓄電池

早期推出的 5G 手機耗電量較大，這和 5G 高速度、低時延的特點有關，5G 能為使用者帶來更好地體驗，但是當網路傳輸速率高達 1Gb/s 時，手機的功耗也會明顯上升。為 5G 手機配置蓄電量更大的電池成為解決 5G 手機續航問題的重要手段。

例如，三星的折疊螢幕手機將推出更大容量的電池以滿足 5G 網路的執行需求，其單一電池容量為 3100mAh，總容量將高達 6200mAh。

2. 無線充電技術

隨著無線充電效能、成本和輻射等問題的克服，無線充電技術也因其便捷的充電體驗受到越來越多使用者的喜愛。無線充電市場的前景廣闊，預計到 2020 年，應用無線充電的 5G 裝置將達到 10 億台。除了智慧型手機，電動汽車和混合電動車也為無線充電技術提供了廣闊市場。

目前的無線充電手機還做不到遠距離充電，手機需放置在充電板上，但是在不遠的將來，5G 無線充電手機將支援遠距離無線充電，甚至與 WiFi 連接充電，為 5G 手機的高續航能力提供更多可能。

5G 手機透過加大電池容量和無線充電的方式解決了 5G 環境下比較耗電的問題，有效推進了 5G 的應用行程。

3.1.4 低時延，實現「令行禁止」

由於 5G 的速度有效降低了網路的時延，對於無人駕駛、智慧醫療、高畫質直播和 VR 裝置的應用都有重要影響，其中，對於 VR 裝置應用的影響尤為明顯。

VR 裝置的價格較高，除此之外，眩暈感也是 VR 裝置使用者體驗差的重要表現，而 5G 的低時延特性可以減輕使用者觀看時的眩暈感，有助於未來 VR 的普及與應用。

5G 的體驗速率和 4G 網路相比優勢明顯，4G 網路的延時大約為 70 毫秒，而 5G 可將延時縮短到 1 毫秒，資料幾乎能夠實現實時轉化，5G 高頻寬和傳輸速率快的特點也可更有效地減緩 VR 裝置因延時帶來的眩暈感。

不僅是 VR 裝置，5G 的低時延性也使無人駕駛成為可能。在 5G 時代，使用者可以輕鬆地預定無人駕駛車輛，透過智慧交通的調配系統，空閒車輛資源被有效利用，交通壅堵現象也大大減輕。只需要在 5G 手機上輕輕一觸，無人駕駛車輛就會在指定時間和地點等待使用者，並且在智慧交通系統的指揮下選擇最便捷的路線將使用者送至目的地。

總之，無論是 VR 裝置的應用還是無人駕駛車輛的普及都離不開 5G 低時延的優勢，網路延時性低可以做到「使令即達」「令行即止」，使用者的生活、工作、學習場景也會因此發生極大變化。

3.2 搭建 5G NR 的關鍵技術

5GNR 技術較為複雜，主要透過 NR 雙連接的方式提高網速，搭建覆蓋率更高、安全性更強、延時率更低的 5G 網路系統。OFDM（正交頻分復用技術）是 5GNR 搭建過程中的關鍵技術，用於最佳化波形和 NR 接入，而靈活的框架設計也能有效提高傳輸的靈活性和傳輸效率。

3.2.1 基於 OFDM 最佳化的波形和多址接入

5GNR 涉及一種新的無線電標準 OFDM，即正交頻分復用技術。由於 5GNR 要求無線電接入技術較為靈活，能同時接納頻段從 6GHz ~ 100GHz 之間毫米波的寬頻段範圍。因此，OFDM 足以支援 NR 的對接任務。

目前，OFDM 已經被用於 4G 網路和 WiFi 系統，因其資料複雜性低，並且能支援寬頻段訊號，也被應用於 5G 網路系統的搭建中。OFDM 的功能較為多樣化，能實現不同使用者與服務區間的多路傳輸，提高本機效率，建立單載波形和實現鏈路傳輸等。

但是 OFDM 還需要繼續改進才能適應 5G 的應用，主要透過以下兩種方式進行改進。

1. 透過子載波擴大參數配置

由於 5GNR 的搭建需要不同的參數配置以提高資料的傳輸效率，OFDM 子載波也需要擴大參數配置才能滿足搭建條件。目前通用的 OFDM 子載波的波段的間隔為 15kHz，而 LTE（目前的 4G 網路標準制式）最高可支援 20MHz 的載寬電波。5G 為了支援多種頻譜類型，需要引進對頻段支援更為靈活的 OFDM 的參數配置，同時還能有效降低訊息處理的複雜程度。

2. 跨越參數完成波載聚合

OFDM 除了具有擴大參數配置範圍、滿足 5G 不同場景下的系統搭建外，還能滿足 5GNR 跨越參數完成波載聚合的需求。OFDM 透過加窗增加傳輸渠道，提高傳輸效率，可實現 5G 未來物聯網的應用。OFDM 為了使相鄰波段的干擾降低，施行了加窗過濾波，實現了區域訊息傳播的最佳化和多資料同頻傳輸。

由此可見，5GNR 系統搭建選用 OFDM 技術能夠透過子載波擴大參數配置，實現高速率、多頻段傳輸；而跨越參數完成波載聚合功能則能夠支援 5G 下的萬物互聯，降低訊息干擾，實現區域訊息最佳化，支援多資料同時傳播。

3.2.2 靈活的框架設計

5G 想要擴大數據傳播範圍，增強訊號的覆蓋率，只憑藉 OFDM 的子載波參數擴大和完成波載聚合還遠遠不夠。因此，5GNR 設計還需要靈活的框架設計予以配合，才能真正提高 5G 的傳播效率。這種靈活不僅發揮在區域上，也表現在時域上。

1. OFDM 可擴展的時間間隔

OFDM 可擴展的時間間隔相比於 4GLTE 網路的 LTE 網路制式，能夠明顯降低時延。在 4G 時代，網路延時的平均時長為 200 毫秒，而在 5G 時代，網路延時能有效降低到 2 毫秒。

2. 自包含整合子幀技術

自包含整合子幀是 5GNR 系統的一項關鍵技術，不僅能有效降低時延，還能實現向前相容，即透過把資料的傳輸和認定放入同一個子幀，能在技術層面上使延時降低。在 TDD 下行鏈路子幀中，裝置的資料傳輸和資料回收都在同一個子幀內部完成，而且 5GNR 系統建立的整合子幀都是獨立的，每個子幀內部都可實現自行模組化處理，大大提高了處理訊息的效率。整合子幀處理訊息的過程，如圖 3-1 所示。

圖 3-1 整合子幀處理訊息的過程

整合子幀技術透過統一下載、資料下行、保護間隔、上行確認四個步驟提高了訊息傳播效率。不僅如此，OFDM 靈活的框架設計也為未來新型的商業模式和服務要求做好準備。

總之，無論是 OFDM 可擴展的時間間隔，還是自包含整合子幀技術，都為 5GNR 系統的搭建提供了技術支援。

3.3 5G 的網路架構

5G 時代，訊息傳輸直接採用端到端的方式，因此能實現裝置與人、裝置與裝置之間的連接。傳統的網路結構較為固化，而 5G 則透過對網路結構的最佳化，提高網路的承載力，表現出優質的服務能力。

3.3.1 SDN 和 NFV

以往的 4G 網路更重視區域網路和核心網的連接，而 5G 則改變了通信網路的格局，真正做到網路中的軟硬體分離，並且 5G 構架透過引入 SND 及 NFV，即軟體定義網路及網路功能虛擬化，將 4G 網路中結構複雜、體積龐大的「煙囪」式構架，取代為以 SDN/NFV 技術為支撐的新型網路構架，不僅安裝簡便、靈活，也能為網路安全提供保障。

網路構架的創新技術 SDN/NFV，透過減少網路之間的層級，轉移核心節點，降低流量消耗，實現軟硬體之間的雙解耦，成為 5G 構架演進的關鍵技術。

從定義上說，SDN/NFV 方案包括資料層、控制層和應用層三個方面，而控制器則透過南北口的分向控制，為使用者提供便捷的服務。

1. 資料層

網路基礎設施建設是資料層的關鍵，並且透過 SDN 資料虛擬化的訊號特徵，可在虛擬的環境下，消除硬體和軟體之間的裝置限制，適應現實和虛擬環境，為不同的網路場景提供更多網路構架的可能。

2. 控制層

控制層主要包括開源控制器和商用控制器。相關資料統計，供應商提出的控制器方案已超過 25 個，並且控制層方案的開源控制器應和供應商實際提供的方案相互配合，適應客戶需求和網路環境的變化。

3. 應用層

應用層平面則包括四層以上的網路服務，共同維護網路關聯運轉。SDN 的結構以網路應用層為側重點，不僅需要反映使用者的業務需求，也要及時完成網路的維護和技術的更新換代，因此，網路生態將變得更加活躍。根據客戶需求場景，網路運營維護的成本也會相應降低。

總之，SDN/NFV 為提升 5G 結構的水準提供了更多可能，無論是在資料層、控制層，還是在應用層上都帶來了技術上的全新突破。

3.3.2 5G 架構設計

5G 的網路架構有由垂直架構向水平架構演進的趨勢，並且整體結構應儘量簡潔，減少網路層級，降低網路延時，而在此新型結構下的網路種類和網路局站的數量也應明顯減少。

網路架構除簡潔外，還應具有敏捷性、分鐘級的程式擴展水平和較好的開放性、集約性，實現統一部署，統一調度，實現端到端的運營和配置。

為完成以上目標，未來的網路架構將由「基礎層」「功能層」「協議編排層」組成。5G 架構設計為實現 SDN/NFV，還應透過跨網調動資源，搭建雲端資源網路和簡化端到端的運營模式。

隨著網路性能的逐漸開放，網路結構的建設應將重點轉移到水平架構的開發。這樣一來，網路的應用範圍就可以從半開放向全開放過渡，並且網路裝置的建設也應滿足不同產業、不用環境的需求，進一步提高網路的開放能力。

目前，網路架構的重構也面臨諸多挑戰，引用 SDN/NFV 技術程式碼後，運營商能夠直接參與到網路生態的發展中，並為促進網路生態鏈的發展，開發出更多滿足網路需求的新型程式碼。程式碼的開發面臨著技術和裝置規範的雙重挑戰，缺乏規範標準和技術職稱的程式碼很容易受到網路攻擊，安全性難以保障，並且程式碼的專利保護也是不能被忽視的問題。

5G 的新型架構不僅設計簡潔，增強了端到端之間的裝置連接，還透過垂直結構向水平結構的演進，擴大了 5G 的覆蓋範圍。但是，5G 架構仍面臨程式碼專利保護和資料安全等方面的問題，需要裝置商、運營商的共同努力，不斷最佳化 5G 的設計架構，推動 5G 時代的到來。

3.3.3 5G 的代表性服務能力

5G 的服務能力主要應用於智慧城市。技術人員這樣描述智慧城市的場景：路燈明暗能根據居民需求自動調整，節約能源；智慧供水平台也可透過 360° 裝置執行觀測，智慧調配供水管理；智慧醫療平台能為身處偏遠地區的患者提供城市專家的即時會診。

智慧城市的建設項目如圖 3-2 所示。

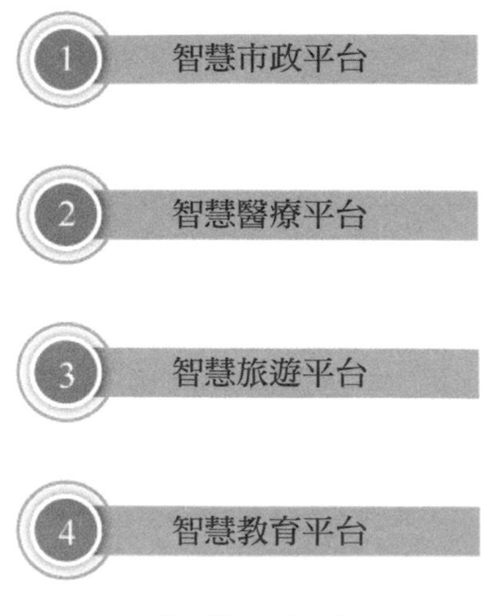

圖 3-2 智慧城市的建設項目

（1）智慧市政平台：透過大數據分析，可及時調整路燈亮度，節能環保。

（2）智慧醫療平台：醫院專家可以透過遠端會診，為異地的患者提供診療意見，甚至做手術。

（3）智慧旅遊平台：可實現旅遊產品和旅遊需求的精準媒合。

（4）智慧教育平台：可以使得教育資源實現更好地共享，教師也可根據大數據對學生進行精準教學。

在未來的智慧城市中，無論是在教育、醫療，還是市政、旅遊等與人們生活息息相關的產業，都將變得更加智慧。

智慧教育平台的教育資源共享，有效解決了教育資源不平衡的問題，使學生的學習打破了時間和空間的限制。除此以外，留守兒童的學習問題也可透過智慧教育平台得到輕鬆解決。教師也可以透過後台的大數據分析情況，有針對性地對學生作業問題進行講解，提高教學的精準性。

智慧城市是 5G 良好服務性能的典型案例，不僅可以有效減少城市資源的浪費，也能讓人們體驗到資源共享的便捷。

5G+ 人工智慧，極富挑戰性的科學

5G 和人工智慧的結合已成趨勢，依託 5G 的人工智慧也將為使用者提供更多「私人訂製」服務，真正實現網隨人動，同時也能透過人工智慧提高網路系統的自治能力，有效減少人力資源的投入。

本章摘要：

4.1 走近人工智慧

要想了解 5G 是如何應用於人工智慧，首先要對人工智慧有所了解。人工智慧究竟是什麼？人工智慧未來將如何發展？

4.1.1 什麼是人工智慧

人工智慧是一種用於研究開發模擬、延展人類智慧的方法理論，也是一門新興的技術科學，最早作為電腦學科的分支，主要應用於機器人、語言識別系統、圖像識別和自然語言處理等領域。

隨著人工智慧研究範圍不斷擴大，數學、邏輯學、歸納學、心理學、生物學、仿生學，甚至經濟學和語言學都與人工智慧學科形成了交叉，人工智慧也因此發展為一門綜合科學。

人工智慧如何改變未來生活？在工業革命時代，機器被製造，並投入生產；而人工智慧時代，將會出現像人一樣思考的機器，而它們都透過不同的演算法來執行。

演算法反映人類的邏輯和思考方式，就像電腦透過演算法的輸入反映人類的邏輯一樣，人工智慧的演算法也與之類似，但不同的是人工智慧演算法能實現由電腦代替人類編輯演算法、編寫程式的目的，這樣編輯演算法的模式具有明顯的優勢。

第一個擊敗人類九段圍棋選手柯潔的人工智慧機器人 AlphaGo 就是運用這樣的原理。

因為 AlphaGo 和人類一樣具有「深度學習」的能力，透過大量的矩陣輸入像人類的大腦一樣處理資料，並將這些資料進行整合，做出判斷。AlphaGo 和九段選手柯潔三局的對決結果，AlphaGo 以 3:0 獲勝。

智慧機器人 AlphaGo 的「雙大腦」為比賽的勝利增加了勝算。「落子選擇器」是 AlphaGo 的第一大腦，人工智慧會在整盤布局中找到最佳的下一步；「棋局評估器」是 AlphaGo 的第二大腦，不是預測下一步該如何走，而是透過對整個棋局的把控，預測雙方贏棋的機率，輔助「落子選擇器進行選擇」。

研發人員一直致力於研究和開發出更具智慧實體價值的人工智慧程式，應用於機器人、語言識別、圖像識別和專家系統，為人類社會的發展做出新的貢獻。

4.1.2 人工智慧的發展

人工智慧分為三種形態：弱人工智慧形態、強人工智慧形態、超人工智慧形態。目前人類技術發展已在弱人工智慧上取得了較大成就，但強人工智慧和超人工智慧的形態還處於觀望期。

1. 弱人工智慧

弱人工智慧主要專注於單方面的人工智慧。例如，AlphaGo 就是弱人工智慧的代表，它專注於圍棋的演算法，無法回答其他問題。

2. 強人工智慧

強人工智慧是在推理、思維、創造等各方面能和人類比肩的人工智慧，能夠完成人類目前從事的腦力活動。但是強人工智慧技術的要求較高，目前人類技術無法達到。

3. 超人工智慧

超人工智慧具有複合型能力，無論是在語言處理、運動控制、知覺、社交和創造力方面都有較為出色的表現。

目前正處於弱人工智慧向強人工智慧過渡的階段。從弱人工智慧向強人工智慧的發展面臨諸多問題。一方面，基於人類大腦的精細度和複雜性，研發人員還有很多未知領域需要探索。另一方面，目前的人工智慧技術的邏輯分析能力較強，感知分析能力較弱，這也是需要解決的問題。

雖然從弱人工智慧向強人工智慧的轉化還有很長的路要走，但可以預見的是，人工智慧今後將繼續向雲端人工智慧、情感人工智慧和深度學習人工智慧等幾個方面發展。

雲端人工智慧：雲端計算和人工智慧的結合可以將大量的人工智慧運算成本轉入雲端平台，能有效降低人工智慧的執行成本，也能讓更多人享受到人工智慧技術的便利。雲端人工智慧在未來的醫療、交通、教育和能源等領域都將有突出表現。

情感人工智慧：情感人工智慧可透過對人類表情、語氣和情感變化的模擬，更好地對人類情感進行認識、理解和引導，在未來能夠充當人類的虛擬助手，輔助人類工作，也能很好地與人類進行交談。

深度學習人工智慧：深度學習是人工智慧發展的新趨勢。深度學習這一概念的靈感來自人腦的結構和功能，也就是神經元之間的連接。研發人員透過模擬人類的人工神經網路植入生物結構性演算法，讓人工智慧實現和人類類似的學習功能。

綜上所述，人工智慧的發展在未來會深刻影響人們的生活，無論是弱人工智慧向強人工智慧的轉化，還是雲端人工智慧、情感人工智慧和具有深度學習功能的人工智慧，都將為人們未來的生活提供更多便利。

4.2 人工智慧依託 5G 加速發展

人工智慧依託於 5G 將取得快速發展。從技術層面上說，5G 的分散式核心網路和網路切片的引入，不僅可以有效擴大技術應用範圍，還能為使用者打造「私人訂製」的網路。

4.2.1 分散式核心網，將應用延伸到邊緣

核心網位於網路資料的核心位置，負責對使用者終端傳輸的資料進行處理，同時負責對使用者的行動管理和工作階段管理等任務。核心網主要包括 MME（移動管理實體）、SGW（服務網關）、PGW（分組資料網關）和 HSS（歸屬使用者伺服器）四個網元，核心網的主要結構如圖 4-1 所示。

圖 4-1 核心網的主要結構

1. MME

MME 是核心網的重要網元，主要負責行動訊息管控，以及使用者的傳呼和位置的更新。例如，智慧終端手機需要定時向 MME 報告自身的位置，接入網際網路也需要經過 MME 的安檢，調換基地台等步驟也離不開 MME 的管控。

2. SGW

SGW 負責手機訊息的管理和分發，是核心網的訊息中轉站。

3. PGW

PGW 主要負責外部的網路連接，手機上網也需要 PGW 進行訊號轉發。除此之外，PGW 還負責網址分配、計費支援等工作。

4. HSS

HSS 主要負責使用者的行動管理、工作階段建設和訪問授權，相當於中央資料庫。目前，4G 網路構架還存在明顯的缺點，SGW 和 PGW 要同時負責處理和轉發使用者資料，這種不同網元之間功能相互交織的特點，導致訊息管理效率低，部署延時。透過研發人員不懈努力，5G 的核心網將採用基於服務構架的分散式布局，有效解決不同網元之間功能交叉的弊端，主要透過基於服務的構架、網元的獨立自治和 PCF 的誕生這三個階段完成。

1. 基於服務的構架

傳統網元採用的是軟硬體結合的設計方式，引入虛擬化技術後，軟硬體分離，通用伺服器取代了專用裝置，裝置成本降低。但是軟體呈現單體結構，想要升級其中任意一個模組，都會影響整個單體的結構，並不靈活。因此，專家將大型軟體單體分解成小的軟體模組，並基於服務構架，開放之間的往來通信，提升業務效率。

2. 網元的獨立自治

4G 核心網中「網關」和「伺服器」這類和硬體相關的名詞將在 5G 時代消失，因為虛擬化後的網路對硬體的關注度將大大降低，NF 的結構進化就是將這部分虛擬的網元分隔開來，其中任意一個網元的升級和擴容都不再受其他網元影響，明顯提高了服務效率。

3. PCF（策略控制功能）的誕生

PCF 主要包括網路切片選擇功能、網路開放功能、網路倉儲功能，分別用於在 5G 時代開拓新的運營模式，管理開放的防落資料和實現自動管理的網路倉儲功能等。

5G 的核心網路雖然是從 4G 網路演變而來，但是無論是網元的獨立自治形態，還是對硬體依賴程度的減少，或是資料管理效率的提升等方面，5G 時代分散式核心網路都將顯示出更為自動化的網路管理模式。

4.2.2 網路切片，打造「私人訂製」網路

網路切片是將物理網路劃分成若干個虛擬網路，根據每個使用者對網路服務的不同需求，如對於網路的延時性、頻寬和安全性的需求等，將這些虛擬網路靈活劃分，以適應不同的網路場景需求。

簡單來說，如果將網路比作交通，使用者就是車輛，網路就是車道。如果所有車輛都在同一車道上行駛，必然會造成交通擁堵；但是如果交通部門根據車輛的類型設定非機動車專用道、機動車專用道、公車專用道、快速路車道等，交通擁堵的現象就能大大減輕。

網路切片就是根據使用者需求設定不同的網路通道，使用者在觀看影片時，系統透過修改參數為使用者提供專屬的 5G 網路服務，使用者觀看高畫質視訊直播也不會卡頓，網路切片的「私人訂製」服務，能有效保證每一位使用者的用網品質。

4G 網路系統的寬頻不穩定、觀看高畫質影片經常出現卡頓、影響觀看體驗等問題，5G 的網路切片技術都可以解決，以端到端的資料傳播形式，降低觀看高畫質影片的時延，為使用者提供流暢的觀看體驗。

在 5G 時代，網路切片的種類如圖 4-2 所示。

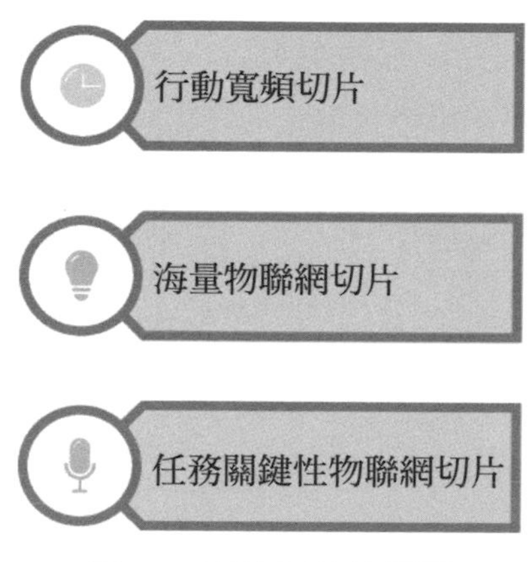

圖 4-2 網路切片的種類

1. 行動寬頻切片

行動寬頻切片提供高畫質視訊直播、全像技術支援和 VR 技術支援等場景的應用，這些網路場景對於網速的要求較高。

2. 巨量物聯網切片

巨量物聯網切片應用的場景較為廣泛，主要用於智慧城市、智慧家居、智慧農業和智慧物流，這些應用場景對網路的覆蓋率要求較高，但對時延和移動性的要求則沒那麼嚴格。

3. 任務關鍵性物聯網切片

任務關鍵性物聯網切片主要應用於無人駕駛、車聯網和遠端醫療，對於網路場景的時延性和安全性要求較高。

網路切片技術為未來的 5G 提升速率、降低成本提供了更多可能，同時也為不同網路場景的搭建創造了條件。

4.3 人工智慧改變 5G，助力核心網

在即將到來的 5G 時代，5G 和人工智慧相結合勢必給人們的生活帶來更多變化，憑藉分散式核心網和網路切片技術，人工智慧可以讓 5G 更加靈活多變，並且實現「網隨人動」和「網路自治」。

4.3.1 人工智慧實現「網隨人動」

人工智慧正在悄然改變人們的生活，企業和校園網無線裝置的連接也在悄然改變。智慧終端的應用也為校園網路的裝置管理提供了便利。以往的「人隨網動」隨著人工智慧的發展已經逐漸向「網隨人動」靠攏。

「網隨人動」需要面臨大量的使用者、裝置和流量之間的調控，因此，應用是核心。人工智慧系統為不同的應用提供獨立的邏輯網路，為不同的應用提供不同的網路資源，提高資源的利用率、網路的重構率。網路分層把控的四個步驟如圖 4-3 所示。

圖 4-3 網路分層把控的四個步驟

1. 識別

人工智慧可以識別使用者群組和物聯終端，對 IP 電話和影像監控系統進行識別管控。

2. 標記

人工智慧還能對不同的使用者群組進行分類，可將使用者和終端的業務進行捆綁，並根據 IP 頻段的標記，實現對使用者和終端的綁定，讓使用者在網路中具有不可更改的標識。

3. 策略

人工智慧方案還能針對校園網內的不同業務進行隔離，在不同場景內為不同使用者和終端提供網路權限。

4. 跟隨

校園網路中的使用者數量和終端位置發生移動，但是在 IP 不變的情況下，網路接入和網路策略不變。

人工智慧系統透過以上四個步驟實現對網路的分層把控，那麼人工智慧系統是如何實現「網隨人動」的？

首先，IP 和使用者的對應實現了人工智慧系統對使用者的管控，同時便於人和終端之間的捆綁，完成了終端的安全接入。網段和業務的同步也實現了業務和網段之間的連接，只需要透過 IP 網段的控制就可達成。使用者只需要在選項中注入步驟名稱就可自動實現業務達成，不需要輸入多餘口令，高效快捷。系統對於任務組的管控也可透過分隔達成。

其次，人工智慧方案的自動化部署將整個網路裝置進行角色化分類，將核心層、匯聚層、接入層統一，並將配置檔案進行簡化，實行簡單的自動化部署模式。自動部署後物理位置的標識也為後期的運維和維修提供了保障。人工智慧系統能夠在後台自動匯入地理標識，施行全介面自動化監控。

最後，人工智慧方案除了實現網路的自動部署之外，還能實現終端資源的人性化分配，根據資源定義和使用者群組策略的匹配模式生成可視化介面，讓使用者快速掌握操作模式，並提供拓撲檢視，讓操作更便捷。

透過以上人工智慧系統對校園系統的管控可以看出，真正實現「網隨人動」的網路操作實際上離我們並不遙遠，人工智慧也在人們的生活中扮演著越來越重要的角色。

4.3.2 人工智慧讓網路自治

5G 和人工智慧的結合讓未來的網路自治成為可能。人工智慧已經逐漸從對圖像、資料和文字的分析，轉向對通訊和網路技術領域的探尋。

未來網路的調度和資源調配會變得越來越複雜，而人工智慧憑藉其強大的調配能力能幫助運營商迎接 5G 時代的技術挑戰。人工智慧的全能力、全場景產品能夠協助企業實現網路自治。

在人工智慧演算法的支援下，人工智慧在處理複雜資料和分析動態資料上都具有明顯的優勢，可以幫助運營商實現網路自治。人工智慧實現網路自治的表現如圖 4-4 所示。

圖 4-4 人工智慧實現網路自治的表現

1. 網元層面

在網元層面，企業透過引進人工智慧處理引擎，可以提高資源調度的智慧化水準，將調度模型嵌入人工智慧產品，能提高調度模型的自主學習能力，縮短學習週期，並且能夠最佳化模型的配置，適應和調節能力，提高網路資源的調配效率。

2. 運維層面

在運維層面，企業可在控制器中部署輕量型的人工智慧引擎，逐步提高引擎的執行和學習能力。借助人工智慧運營商可搭建具有故障定位、故障檢測和故障自癒能力的循環系統，大大提高了系統的維修效率，降低了維修成本。

3. 業務層面

企業在人工智慧的調度層面應引入較高性能的人工智慧引擎，將整體業務從宏觀上進行整體規劃，實現端到端的智慧調配。這種業務層面的運營方式可以提高人工智慧在商業上的應用範圍，也可逐漸加快網路切片的推行，提高業務的創新能力。

隨著 5G 與人工智慧的聯繫日益緊密，5G 時代的企業也將從人工智慧開創的網路自治中獲益。

4.3.3 人工智慧讓 5G 靈活多變

5G 與人工智慧的結合讓兩者的應用場景更加多樣，在未來，做飯機器人、能準時接送使用者的無人駕駛汽車等都可能會實現。

隨著科技的發展，人工智慧越來越多地被應用於人們的日常生活。無論是公園的智慧清掃車，還是圖書館的人工智慧流動車，或是遠端操控汽車等，都已逐漸出現在人們的生活中。在不遠的將來，做飯機器人也將投入使用，成為那些不會做飯或沒時間做飯的人的福音。

Moley Robotics 研發的做飯 Moley 機器人能做出和米其林廚師相媲美的美味佳肴。

雖然 Moley 機器人的外表看起來只是兩個機械手臂，但是憑藉機械手臂上的 20 個馬達和 129 個感應器，使用者只需下載一個 Moley 為其開發的點菜 App，在兩千多種菜色中挑選喜愛的菜餚，只需要數十分鐘，Moley 機器人就能做好一道菜，順便將廚房打掃乾淨。

但是，做飯機器人的缺點是需要使用者提前準備好食材，並且無法透過嗅覺和味覺判斷食材好壞，但是因其節省做飯時間的優點還是受到不少使用者的追捧，相信在不遠的將來，做飯機器人將為人們的生活提供更多便利。

人工智慧除了應用於人們的日常生活外，像礦區、災區危險作業、智慧港口管理等這些更大範圍的應用也能看到人工智慧的身影。

2019 年 5 月舉辦的數字中國建設成果博覽會上，中國移動展區向觀眾提供了虛擬駕駛的體驗機會，觀眾可坐在汽車模擬器內，透過對螢幕上即時道路情況的掌握，對現實中的汽車實現遠端操控。

虛擬駕駛技術預計在未來可應用於危險地區作業，降低險情救援和礦區作業的危險性。

智慧港口技術則主要借助 5G 網路實現對港口運輸貨櫃的抓取調度，能夠有效提高港口的調度效率，提升調度的精準性，並且能對作業情況實行高畫質攝影與即時傳輸。

人工智慧為 5G 提供了不同的場景，無論是與人們日常生活相貼近的應用，還是用途更為寬泛的智慧港口技術，都為人們的生活提供了更為舒適和便捷的服務。

5G 推動智慧製造

2019 年是 5G「元年」，5G 和智慧製造的結合為製造業帶來了明顯改變。智慧工廠的建設將生產過程限定在可控範圍內，而人工智慧技術的應用也能讓企業的設計、生產和銷售環節彼此聯通，對現有資源實現最佳化和整合。

本章摘要：

5.1 智慧製造概述

新一代的 5G 為傳統製造業向智慧製造業的轉型提供了技術支援，同時滿足了遠端互動需求，推動了物聯網、工業及 AR 的發展，推動了工業製造的智慧化。

5.1.1 什麼是智慧製造

製造業在國家經濟中非常重要，而智慧製造也成為很多國家未來的發展方向，如中國、美國都在積極擴展智慧製造。訊息通信的升級是智慧製造的重要內容，5G 能支援智慧製造在不同場景應用。

例如，華為的無線應用場景實驗室對智慧製造的場景應用進行了開拓性研究，場景實驗室作為新型的研究平台，將運營商、合作伙伴和企業管理者聯合起來，共同探討智慧製造的場景應用，促進更加開放的產業生態的建立。

廣義上，智慧製造在訊息處理、智慧執行等先進製造業貢獻突出。在具體應用上，智慧製造打破原有各個層次的網路訊息與執行模式，加強各流程之間的聯繫，將物聯網、大數據、數位化製造技術結合起來，縮短產品的生產週期，最佳化管理制度和製造體系。

智慧製造系統透過上下層同步的方式，使管理層即時監控工人生產和與機器裝置的運轉情況，及時調整工作安排，合理最佳化資源配置，提高生產效率，完成端到端的資料轉換，實現智慧製造系統的正常運轉。

智慧製造系統需要供應鏈之間相互協調進行，主要包括從生產、開發、整合到執行的基本框架，目的是對現有的製造系統進行可持續最佳化。

智慧最佳化系統可分為五層：第一層系統為生產基礎自動化；第二層系統主要負責生產執行；第三層系統主要負責產品全生命週期管理；第四層系統主要負責企業整體管理和支撐；第五層系統主要包括計算和資料中心最佳化。各系統具體執行方式如下。

1. 生產基礎自動化

生產基礎自動化主要包括系統對於生產現場流程和裝置運轉的把控，其中生產裝置主要包括感測器、智慧機器人、工具機元件、儀表盤、檢測和物流裝置等。人工智慧控制系統用於監控流程製造過程，並用於單獨的製造模組的資料採集和監控。

2. 生產執行

執行系統的管理模組主要負責對模組系統功能的生產和執行，主要包括底層資料分析系統、中層資料分析系統、上層資料分析系統、製造管理系統、人力資源管理系統、計劃管理系統、生產調度系統、工具整合管理系統、預算管理系統、項目管理系統、倉儲管理系等。

3. 產品全生命週期管理

產品全生命週期管理系統主要分為研發、生產和服務三個部分。研發部分主要涉及產品設計、工藝製造、生產模擬和現場製造流程中的回饋，提高設計品質成為研發、設計、製造產品數位化模型中不可缺少的一部分。

生產部分是智慧製造系統的關鍵，主要負責產品自動化生產，是生產執行環節的保障。

服務部分依託 5G 對服務過程進行全程監控、遠端診斷和維護工作，並將即時資料傳到服務中心進行分析和回饋。

4. 企業整體管理和支撐

企業整體管理和支撐系統包含不同類型的模組，主要負責企業的戰略計劃調整、投資模式分析、財務資料分析、人力資源管理、資源分配調度、銷售管理和安全管理等。

5. 計算和資料中心最佳化

計算和資料中心最佳化系統主要包括網路系統模組、資料庫分析模組、資料儲存管理模組、應用軟體模組等，主要為企業提供智慧計算服務，提供易操作的可視介面，企業可根據計算資料對具體模組功能進行及時調整。

總之，智慧製造系統可以從生產基礎自動化、生產執行、產品全生命週期管理、企業整體管理和支撐，以及計算和資料中心化等角度全面提升企業的生產效率和管理品質。

5.1.2 智慧製造的具體特徵

智慧製造打破了原有的各個層次的網路訊息與執行模式，改變了各流程之間相互脱節、各自為政的局面，主要特徵表現為資料的即時感知、資料最佳化策略和分析即時執行三個方面。

1. 資料的即時感知

資料的即時感知需要強大數據進行支援，並透過標準方式對訊息進行採集和分析，實現訊息的自動採集、自動識別和自動傳輸，並將這些訊息回饋到資料分析系統。

2. 資料最佳化策略

資料最佳化策略是透過對資料即時感知系統收集的訊息進行分析的，實現對產品生命週期的計算、分析和推理，及時調整指令，最佳化產品製造過程。

3. 分析即時執行

分析即時執行是指在執行過程中，繼續對控制和製造過程的狀態進行分析，實現產品穩定和安全執行，對生產環節進行動態調整。

由此可見，智慧製造透過對資料的即時感知、最佳化策略和分析即時執行，能夠有效提高生產效率。

5.1.3 智慧製造為什麼需要無線通訊

智慧製造的主要特徵就是端到端的資料訊息交換，想要實現雲端平台與工廠生產過程訊息即時同步，感測器和人工智慧之間的互動運作，以及人、機之間的巧妙配合，對於通信網路的要求也相對較高，因此，無線通訊技術的引入成為必然。

從工廠的實際應用來看，一方面，無線化的機器生產裝置使工廠的分模組生產和智慧製造不再遙遠；另一方面，無線網路的應用使生產流水線的建設更為便捷，在日後的改造和維護上也能大大降低成本，而這些的實現都要依託無線通訊低時延和覆蓋廣等優勢。

1. 低時延

智慧製造工廠採用無線通訊技術後，在對溫度和濕度較為敏感的高精密製造環節或化工危險品的生產製造過程中，無線通訊低時延的特點不僅能提高製造精度，還能有效規避製造過程中的風險，減少安全隱患。

例如，應用無線通訊的智慧系統可透過對感測器壓力和溫度的即時監控，實現較低時延的訊息傳遞，將訊息及時傳遞到智慧機械裝置終端，如電子機械臂、電子閥門、智慧加熱器等裝置上，實現對生產作業的高精度調控，整個過程對於網路的低時延要求也較高。

2. 覆蓋廣

智慧工廠中自動化和感測系統的無線通訊覆蓋面積可達幾百平方公里，甚至上萬平方公里，可直接採用分散式部署擴大網路覆蓋。根據不同生產場景，智慧工廠的製造區域可分布數以萬計的感測器和執行器，為實現巨量訊息的廣泛連接打下基礎。

除了智慧製造的製造過程，無線通訊還可以助力智慧製造的智慧化管理。將 5G 融入製造業，可以形成智慧化系統，其智慧化功能主要分為集中模式與分散模式兩種，它們對應著不同的通信要求。

在時間上，集中模式需要幾毫秒或者 10 秒左右，分散模式需要 1 微秒或者幾毫秒；在場景上，集中模式需要機械裝備與生產線，分散模式需要機械裝備與現場控制。

由此可見，集中模式更加注重訊息的安全性，運用新技術，對系統進行最佳化，加強對大數據的分析能力；分散模式，更加注重即時通信，保障了功能與訊息的安全度，對實際情況與發展變化進行嚴密監控。

綜上所述，無線通訊的低時延、覆蓋廣等特點將大大提高智慧製造的生產效率，而無線通訊應用在生產過程中，同樣也可以使生產管理更加智慧化。

5.2 5G 使能智慧製造

快速發展的 5G 通信技術給傳統製造業向智慧製造業的轉型提供了機會，覆蓋廣、延時低的特點更好地適應了傳統製造場景，也為新興的端到端的互聯需求提供了技術支撐，在工業 AR、無線系統化控制和雲端化機器人也都有應用。

5.2.1 5G 使能工業 AR 應用

AR 即增強現實技術，透過電腦對訊息的轉化，提升人類的感知，並透過電腦技術生成虛擬場景，虛擬場景疊加真實場景，增強「真實性」。簡單來說，就是幫助人類在真實場景中創造逼真的虛擬畫面。

AR 技術在工業中的作用非常突出，能有效提高裝置操作的靈活性，並有效提高工作效率。智慧裝置可自行將裝置上的訊息傳遞到雲端，技術人員就能夠透過 AR 裝置連接和顯示功能，直接觀測到即時資料。AR 裝置和雲端網路的連接也能為技術人員提供必要的即時訊息。

例如，某無線電電纜維修方案中就成功運用了 AR 技術。

裝置出現故障後，技術人員不用親自到現場維修，可透過 AR 技術對故障裝置進行遠端維修指導。

故障裝置現場員工只需要佩戴 AR 眼鏡就可接受技術人員的遠端技術指導，技術人員根據從 AR 眼鏡傳遞迴的訊息對故障原因進行分析，不僅能夠提高工作效率，也能降低維修成本。

AR 技術具有兩個明顯優勢，分別是虛實結合和即時互動。

虛實結合就是透過 AR 的顯示器了解真實場景狀態，並透過螢幕將真實場景與圖示位置重疊，實現精準地即時操作。3D 景象的全景視野不僅更加真實，可以幫助使用者滿足操作需要，也可以透過場景疊加的方式快速找到故障所在，提高工作效率。

由於 AR 技術具有 3D 虛擬場景化的特點，使用者透過螢幕就可以實現和真實場景的互動，並且將和現實場景融為一體，真正完成全場景化的操作，將虛擬的維修操作放入真實場景中，實現實時互動。

總之，AR 技術在工業上的應用，能夠透過虛實結合和即時互動的特點，降低維修成本，提高對人員的培訓效率，並且還將應用到更多工業場景中，大大降低人力成本，以及時間和空間成本。

5.2.2 5G 能讓工廠無線自動化控制

5G 在工廠中的應用還明顯表現在自動化控制中，倒立擺是應用 5G 的典型自動化控制案例。倒立擺系統應用雖然較為複雜，但是物理原理較為簡單，主要為以一個支點支撐起物體，讓物體保持一種平衡的狀態。倒立擺結構如圖 5-1 所示。

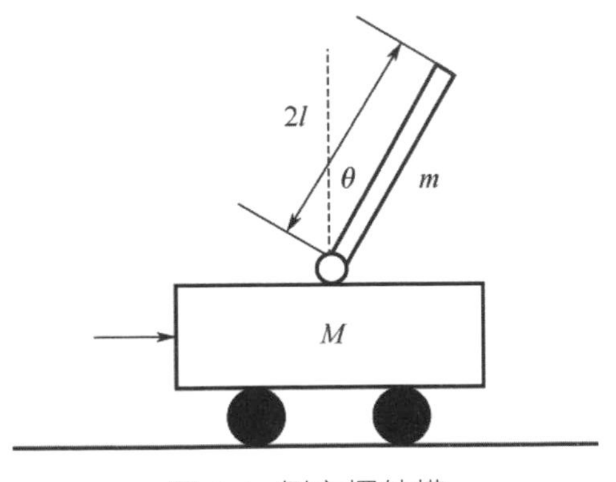

圖 5-1 倒立擺結構

倒立擺是一種基本的物理裝置，通常包括一個圓柱形柱子（擺桿）和擺桿下放的支點，由於支點固定在移動的小車上，受小車移動影響，擺桿始終有向下落的趨勢，保持不穩定的平衡狀態。倒立擺裝置根據擺桿數量不同，可分為一、二、三級倒立擺，級數越多，想要維持穩定越困難。倒立擺原理通常應用於機器人的姿態控制、太空船對接，以及工業製造等。

實驗結果表明，倒立擺在 4G 網路下執行時，由於 4G 網路的時延過長，倒立擺接受系統指令後執行延遲，倒立擺從震盪到保持穩定的時間過長，達到 13 秒。然而，在倒立擺在 5G 下執行時，由於 5G 時延僅有 1 毫秒，倒立擺能夠快速對指令做出反應，從震盪到保持平穩只需要 4 秒。由此可見，5G 網路低時延的特點能夠在自動控制中發揮巨大價值，5G 網路的時延能從 4G 網路下的 50 毫秒下降到 1 毫秒，大大提高了裝置執行的效率和精準度。

在實際應用中，自動化控制主要應用於工廠的技術設施建設。它的核心技術是閉環控制系統，該系統主要透過感測器將訊息傳輸到裝置的執行器。在閉環系統中，控制週期通常以毫秒為單位，所以通信裝置的時延也要達到甚至低於毫秒級才能保證裝置的精準控制。不僅如此，在閉環系統中對裝置的精準度要求也較高，因為時延過長會導致訊息傳輸失敗，甚至停機，給企業帶來重大損失。

除此以外，大規模的自動化控制生產環節需要對控制器、感測器等裝置進行無線連接傳輸，這也是智慧製造應用系統中的重要內容。

閉環控制系統對感測器控制數量、控制週期的時延和頻寬都有不同要求，應用場景的經典數值如圖 5-2 所示。

應用場景	感應器數量	封包大小	閉環控制週期
列印控制	＞100	20 byte	＜3ms
機械臂動作控制	～20	50 byte	＜5ms
打包控制	～50	40 byte	＜3ms

圖 5-2 應用場景的經典數值

由此可見，閉環控制系統在不同應用場景下對於感測器數量、封包大小和閉環控制週期的要求不同，對於智慧製造技術要求較高。智慧製造技術在推動工廠的無線自動化控制上有以下三點優勢。

1. 實現個性化生產

個性化訂製逐漸引領當今消費潮流，未來滿足使用者對個性化訂製商品的需要，柔性製造成為未來生產技術的發展模式。柔性製造是一種自動化的生產模式，在較少人為干預的情況下，生產更多產品種類，突破產品種類生產範圍，對於新技術的要求也更高。

2. 工廠維護模式升級

大型工廠生產通常需要跨地區生產維護和遠端指導等。5G 能有效提高大型工廠的執行效率，降低成本。在未來的 5G 智慧工廠中，每一個工作人員和工業機器人都會擁有自己的 IP 終端，工作人員和工業機器人之間可以進行訊息互動。當裝置發生故障時，工業機器人可自行修復，遇到疑難故障再通知專業工作人員修復，提高了工作效率。

3. 實現機器人管理

在 5G 網路覆蓋智慧工廠後，工業機器人還將參與管理層的工作，透過對統計資料的精準計算，完成生產決策和調配工作。工業機器人將成為工作人員的助手，協助工作人員完成高難度工作。

無線自動化控制工廠無論在個性化生產，促進工廠的模式最佳化升級，還是在機器人管理方面，都有明顯優勢。不僅能有效降低工廠的運營成本，還能提高工廠的運營效率。

5.2.3 5G 智慧工廠雲端化機器人

雲端化機器人也是智慧製造場景中的重要技術之一。雲端化機器人可以有效組織協調工廠的個性化生產，將訊息直接連接到控制中心，透過強大的計算平台對大數據和生產製造過程的計算和監控，提高工作效率。

雲端化機器人的優勢在於將大規模運算轉移到雲端控制中心，大大降低了對於硬體的耗損，並且 5G 低時延和廣覆蓋的優勢也有利於雲端化機器人在個性化生產中提高工作效率。

雲端化機器人理想的網路支撐就是 5G 網路，5G 網路的網路切片技術可以支撐雲端化機器人端到端的訊息傳遞，而僅有 1 毫秒的時延也能儘可能地保證訊息傳遞的有效性。

目前已有一些企業對於雲端化機器人進行研發測試，例如，諾基亞就已展開了雲端化機器人的 5G 網路測試，著手建設「有意識」的工廠。

在新技術的支援下，工廠的資料分析能力和自動化程度會顯著提高。在製造環節中，機器人數量的增加也有益於提昇自動化水準。供應鏈能在較短時間內推出滿足使用者需求的個性化產品，促進新產品的製造和銷售。

諾基亞智慧工廠的測試點最引人矚目的就是大面積的電子螢幕，螢幕上匯集了感測器收集的來自工廠每個車間的生產流程訊息。工作人員可以利用電子螢幕上的訊息對資料進行評估。感測器收集的資料直接上傳到雲端平台進行訊息處理，工作人員可按照序號追蹤每一個在裝置中執行的零件。

當工廠生產出現問題時，尋找裝置問題無須等到裝置結束生產再進行，系統能即時排查故障，並即時檢修。

諾基亞的智慧工廠試點還使用雲端化機器人對產品進行組裝，在標準化零件的條件下，雲端化機器人大大提高了零件組裝的效率。

5G 在製造業的應用使雲端化機器人的應用成為可能，它能有效提高自動化流程中的智慧化水準，及時排查裝置故障，有效提高生產效率，助力智慧製造業的發展。

5 5G 推動智慧製造

5G + 農業，全方位的智慧化

5G 在農業的應用會推動農業的全方位智慧化，這表現在種植智慧化、管理智慧化和勞動力智慧化等方面。在 5G 的支援下，農業也將向數位化方向發展，有利於農業資源的整合和合理利用。

本章摘要：

6.1 5G 實現農業的智慧化

5G 實現農業的智慧化，實現於種植、管理和勞動力三個方面。種植智慧化降低了成本的同時，也保證了品質。管理智慧化可對種植過程嚴密監控，並可自動預警。勞動力智慧化保證了勞動力的充分合理使用。

6.1.1 種植智慧化：降低成本、提升品質

5G 推動農業智慧化的第一項表現就是種植過程的智慧化，智慧化的農業生產可以降低成本，提升質量。

種植智慧化可以保證種植過程的效率，比如在澆水、施肥等方面，可實現一鍵化自動處理，大範圍、多項操作流程化的過程在減少人力的同時還大大降低了成本。

種植智慧化也提升了種植的質量，玉米種植用智慧裝置完成，出芽率較人工大大提升，並且科學化地澆水、施肥、採摘等過程，都有效提升種植物的品質。

京東植物工廠在種植智慧化方面已成功示範。

京東植物工廠在植物種植採用工業化操作流程，採用無土栽培技術，工廠將溫度、濕度、光照等各項指標控制在合理範圍之內，工作人員只需輸入指令就可為植物澆水、施肥，實現自動化種植。

目前，因建築成本投入和耗電量過大等問題，植物工廠的運營收益並不高。相信未來在 5G 的支援下，植物工廠將會進入發展的黃金階段。

智慧種植具有目前人工種植無可比擬的優勢，它可以透過科學化、流程化的種植過程降低種植成本，且科學化種植也保證了植物的品質更佳。

在智慧種植的過程中，5G 的技術支援不僅能夠實現智慧種植，更有利於智慧種植的大範圍推廣，未來必將更加智慧、更具規模。

6.1.2 管理智慧化：嚴格監督 + 自動預警

5G 支援下的農業智慧化的第二項表現就是管理智慧化，可嚴格監督農業生產的環節，並自動預警。

管理智慧化可嚴密監控農業生產中每個階段農作物的生長情況。對於養分不足、病蟲害等風險可進行及時預判並解決。

2018 年，中興通信就曾做了 5G 智慧農業的商用示範，展現了智慧化管理的優勢。示範中，中興通信利用無人機對馬鈴薯農場進行拍攝，並透過 5G 網路即時將照片回傳至伺服器，以準確地、即時地對馬鈴薯進行保護，整個採集回傳時間從以前的兩天縮至兩個小時，大大提高了效率。中興通信的成功示範展現了 5G 應用於農業智慧管理的可行性和優勢。農業生產管理的智慧化節省了人力成本，對農作物的即時保護也能提高農業生產的利潤。

在智慧化管理過程中，其管理監控過程也可以公開於消費者面前，消費者可隨時觀看種植過程，了解農作物生長過程中的用藥和施肥情況，讓消費者更放心。

在未來農業中會引入各種先進的裝置，可實現對農作物的生長資料自動採集，對於病蟲害等風險做出準確及時的預警，並實施解決方案，這些農業智慧管理場景都會在未來實現。

6.1.3 勞動力智慧化：確保使用的最大化

農業的智慧化也表現在勞動力的智慧化上，確保了農業勞動力使用的最大化。

依託 5G，農業的生產和管理都更加智慧化，大大節省了人工成本，提高了效率。一方面，智慧化的生產、管理過程可以精確地算出定量的農業生產活動需要多少人力，保證了人力的合理利用。另一方面，5G 的發展會推動智慧機器人在農業生產甚至管理中的應用，澆水、施肥、採摘等傳統農業中耗費人力的重複性勞動都可以透過智慧機器人來完成，使農業生產和管理更高效。

例如，在京東的植物工廠中，流程化的管理就為植物工廠大大節省了人工成本。京東植物工廠面積約一公頃（11,040 平方公尺），但它的產量預計每年卻可達 300 噸。這裡的蔬菜可以全年生長和收穫，普通菜地裡每年最多收穫 4 次蔬菜，在植物工廠裡一年能夠收穫 20 次，而管理工廠僅僅需要 4 ～ 5 個工作人員，大大節省了人工成本。

智慧化農業的發展推動了勞動力的智慧化發展，一方面，智慧機器人的應用解放了大量勞動力，推動了農業生產中勞動力的智慧化。另一方面，在農業生產活動的管理中，智慧機器人也可以取代部分人力，需要人工處理的部分，大數據也為其提供了必要的支援，農業生產活動管理中的智慧化也確保了勞動力的智慧化發展。

5G 時代，農場、田地中將實現生產與管理的智慧化流程，而那時少而精的農業勞動力將是資料分析員、程式設計師，甚至是機器人。

6.2 5G 時代，農業展現新景象

未來，在 5G 時代，農業將展現新景象。在 5G 技術的支援下，農產品的生產過程可全程追溯，保證了其安全性；大數據的應用也推動了農業生產、管理、銷售的數位化；新技術的資源整合也促進了農業資源的共享和合理利用。

6.2.1 全程追溯，農產品更安全

農產品的安全問題一直是消費者關注的重點，由於一些生產者的法律和衛生意識淡薄，有害物質超標的情況時有發生。

而 5G 與區塊鏈技術的結合，可實現農產品的全程追溯，區塊鏈技術的分散式帳本具有不可更改、可追溯等特點，而 5G 為其在農產品領域的大範圍應用提供了技術支援。

追溯系統可對農產品的生產、加工、銷售全程進行追溯，保證農產品訊息的真實、透明。在農產品生產環節，系統會記錄下生產的過程，包括農作物的種植土壤情況、種植年份、月份、作物種類、化肥和農藥的耗費等，同時對於農作物的長勢、氣候、災害、田間管理等情況也會記錄在案。在加工環節，系統會記錄加工批次、工序、保質期、物流環境與物流訊息等。消費者購買到農產品後，可掃描農產品二維碼來獲取農產品的產地、生長過程等訊息，農產品出現問題可有效追責，追溯系統的應用有助於保障食品安全。

建立農產品溯源系統有三個基本要素，分別是產品標識、資料庫、訊息傳遞。5G 與大數據的結合可推動農產品資料庫的建立和應用範圍的推廣，而 5G 網路的大寬頻、高速率、低時延等特性為農產品訊息追溯系統的訊息傳遞提供了技術支援。

在未來，隨著 5G 時代逐漸來臨，農產品追溯系統將廣範圍地應用到農產品的生產與管理之中，有效地保障農產品的安全。

6.2.2 收集大數據，推動數位農業

目前，大數據在諸多領域都有所應用，而與 5G 結合的大數據在農業領域的應用實現了傳統農業向數位農業的轉型。

大數據在農業領域的應用可打造數位供應鏈，建立數位供應鏈可實現資料的整合，包括產量、定價、天氣、土壤環境、維護需求等，基於這些資料可做出更加科學的決策，進而提升效率。

數位供應鏈是一個端到端的、以目標為驅動的科學流程，依託數位供應鏈，農業生產與管理可有效地降低成本、提高效率。

在未來，大數據在農業中將有以下幾個應用場景。

1. 田地中的感測器

大數據中心可以利用田地中的感測器對農業資源進行收集、分析、分配。將感測器部署到農田中，農作物的生長情況能夠即時回傳到大數據中心，為科學決策提供資料支援。

2. 裝置中的感測器

農業裝置上的感測器能夠即時追蹤裝置的執行狀況。這些感測器能夠回傳地形訊息和繪製產量圖。同時，在農業裝置需要維修時，其他感測器可進行同步檢測。

3. 無人機應用於農作物檢測

無人機可以應用於農作物檢測，可以對抗乾旱等不利環境因素。透過無人機生成的立體圖像的分析，可以規劃種植規模。另外，無人機還可以為農作物噴灑農藥，提高效率。

4. 智慧機器人

智慧機器人的應用可最大化提高生產率，比如實驗雷射和攝影機可以幫助識別雜草並清除，不需要人工干預。此外，智慧機器人種植、採摘等都能盡可能地減少人工勞動。

5. RFID（無線射頻識別技術）和溯源

RFID 可以追蹤農產品從田地到市場再到消費者的全過程，消費者能夠利用 RFID 追蹤農產品生產、加工、包裝等所有流程。

6. 機器學習和分析

大數據與人工智慧的結合能夠賦予機器學習和分析的能力。透過機器學習和分析可以挖掘資料趨勢，獲得種子播種至收穫的全過程、加工過程、銷售過程的全數位化分析結果。

5G 時代，大數據將在農業生產與管理的各環節展開應用，推動數位農業的發展。

6.2.3 整合各路資源，簡化共享、交換

農業資料數量大、類型多，核心資料缺失、資料共享不足等問題阻礙著農業的健康發展。

5G與大數據的結合、雲端計算和物聯網的發展等為建立農業大數據平台提供了基礎。農業大數據共享平台的建立可整合各路資源，實現資源的共享和交換。

農業大數據共享平台包括共享管理平台、農業資料公共服務門戶等，在資料資源匯聚的基礎上，開發各類農業大數據應用，實現大數據與農業的深度融合。

1. 農業大數據共享管理平台

農業大數據共享管理平台具有資料接入、資料管理、共享交換、資料分析、資料報表等功能，可實現農業資料資源的共享。省、市、縣級農業資料可共享、交換；企業資料、市場農業資料可接入和共享。

2. 農業資料公共服務門戶

農業資料公共服務門戶提供農業資源目錄、資料檢索、資料應用等服務，支援各類資料需求，企業利用資料資源開發農業大數據應用。

農業大數據共享平台整合了區域內農業資料資源，包括土地、氣象、遙感、種植業、畜牧業、漁業、農產品加工業等各方面資料資源，充分發揮大數據的收集、分析資料能力，透過多維度展示，可幫助農業部門和涉農企業做出科學合理的決策。

6.3 5G 助力農業的細分領域

5G 在農業領域的應用，還將推動農業細分領域的發展。在水產海產領域，5G 的應用可實現海洋牧場環境的預測、觀察；在農貿市場方面，5G 也可推動農貿市場的線上、線下一體化。

6.3.1 水產海產：預測環境，隨時觀察

在 5G 技術發展之前，對於水產品的生長情況的掌握只能來源於潛水員的水下觀測，耗費人力物力，訊息回饋也比較慢。而透過 5G 水下攝影系統，工作人員可在辦公室裡透過監控觀察水產品生長情況。監控即時回傳的畫面清晰流暢，十分真切。

透過水下攝影系統的即時監測，可預測水下環境，預測可能產生的危害，以便工作人員及時做出應對決策。這種以技術為依託的預測不僅節省了人力、物力，其預測的結果也更加準確。

未來的海洋牧場不僅是漁業生產基地，更是海洋旅遊的景點。透過 5G 攝影裝備對海洋牧場風光進行全景拍攝，遊客不必再遠赴海上，只需戴上 VR 眼鏡即可觀賞到海洋牧場景區優美的風光。

相信未來在 5G 的發展下，精準預測、科學管理的水下攝影系統將有更廣泛的應用，推動水產、海產的科學化發展。

6.3.2 農貿市場：線上、線下一體化

5G 將助力農貿市場的線上、線下一體化升級，而目前，農貿市場線上、線下一體化升級已經有所發展。

不少平台為加強自身發展，積極地和傳統菜市場展開合作，以中國的餓了嗎和京東到家為例，前者是透過對接線下菜市場以吸引新的消費群體，後者則是引入菜市場業態，以追求在消費頻率、價格、生鮮賣點等方面的差異化。

打造這種線上、線下一體化的菜市場購物模式雖然難度較大，但對於消費者來説卻十分具有吸引力。但是在實現線上、線下購物一體化後，只是使消費者的購物更加方便。若想提高消費者的購物體驗，還需從價格與品質兩個方面滿足消費者的需求。

如何在農貿市場一體化購物過程中降低價格，保持商品鮮度？至少應滿足兩個先決條件，一是在加上配送成本後價格上漲不大，目標依然是數量龐大的價格敏感型消費者；二是保證商品的新鮮度及豐富度。

❻ 5G+ 農業，全方位的智慧化

5G，打造全面智慧城市

智慧城市的打造離不開 5G 的支援，5G 與大數據的結合應用是智慧城市運作的基礎。基於 5G 的智慧城市可透過打造智慧交通、智慧物流等，來降低時間和經濟成本，豐富人們的生活內容，提高人們的生活品質。

本章摘要：

7.1 智慧交通，即時訊息互動

7.2 智慧照明，充分利用資源

7.3 智慧電網，借助 5G 破解難題

7.4 智慧城市保全，改變實際應用

7.1 智慧交通，即時訊息互動

5G 在交通業的應用將推動智慧交通管理系統的形成，它可以對於道路和停車場進行訊息系統建設，保障車輛與行人的安全，還可以根據車輛的行駛訊息，預先找到停車位，實現智慧泊車。

7.1.1 建立智慧交通系統，解決塞車問題

5G 在交通領域的應用與區塊鏈和物聯網等技術的結合，可建立智慧交通系統，有效的解決交通問題。

在儲存方面，區塊鏈技術的分散式儲存方式十分具有優勢，它具有不可篡改性和可追溯性，而 5G 網路為其應用提供了技術支援。在未來，5G 與區塊鏈技術的結合可以有效地應用於車輛認證方面，它可以保證資料的安全、透明，並且任何人都不能篡改或偽造資料，據此可以實現對車輛的認證管理。

2019 年，HashCoin 研發出分散式汽車登記系統。該系統為車輛提供了自動化認證，對於車輛安全與追蹤可以全部記錄，避免了訊息資料造假的可能。該系統嘗試把 5G 與區塊鏈技術結合起來實現車輛認證管理的自動化，透過這個系統可以追蹤車輛的所有權變更、保險情況、車況歷史等資料。

這項技術吸引了很多國家製造商的注意，很多汽車製造商都有意引入這個系統，他們也願意幫助 HashCoin 來實現該方案的執行。因為該方案不僅對社會有利，對於個人來說，也是非常有利的。它可以被應用在各個領域，如保險公司、服務提供商和製造商等。

5G 可以實現汽車的聯網功能，其中一項重要的技術是 WiFi-DSRC，也就是短程通信功能。這項技術可以提供各個車輛之間、車輛與各類設施之間的通信功能。例如：道路上的各個訊號燈。它們之間進行資料訊息的即時傳遞，使得駕駛人員能夠了解道路上出現的問題，或者根據相關訊息預見未來將要發生的問題。通信功能可以紓解交通擁堵的壓力，並且對於道路情況與天氣狀況進行檢測，避免交通事故的發生。

車輛透過 5G 可以即時監控路面訊息，並且與目標車輛實現訊息資料的傳輸、通信等功能，駕駛人員可以根據前方行駛車輛的意願來確定自己的行駛方式與路線，保障了駕駛的安全性、交通的便捷。

5G 不但保障了原有通信技術的搭車上網與資料下載等功能，而且實現了車內感測器的設定，進一步提高了安全性，也促進了物聯網的發展。

由此可見，5G 與交通相結合可以給人們帶來與眾不同的出行體驗，保障人們出行的安全，同時為構建智慧型社群、創造智慧型城市提供強有力保障。

7.1.2 提供「車位」訊息，實現智慧泊車

停車難是目前的交通難點之一，私家車越來越多，物業所有權人規劃的車位比較少，資源調配的不合理使需要車位的區域過於稀缺，其他區域的車位閒置，造成了車位資源的浪費。

將 5G 運用於交通中，實現交通的智慧化，就可實現智慧泊車。

2017 年底，紐西蘭 ITS 基金會團隊基於 5G 網路，推出了 ITS 智慧交通系統。這是一個應用於停車場的網路系統，該系統利用 5G 實現了 ITS

價值資產的等價交換，解決了停車難、技術應用難等問題，推動了停車場的智慧化發展。

ITS 智慧交通系統運用 5G 打造了三個平台，以解決停車位少、停車難的問題，ITS 系統的三個平台如圖 7-1 所示。

圖 7-1 ITS 系統的三個平台

（1）物聯網立體車庫

物聯網立體車庫的建立是將 5G 與物聯網相結合，以達到車輛和車庫之間的智慧連接，有效解決了車位空間及空間訊息不對稱的問題。

（2）車位流轉平台

利用 5G 網路可以建立車位流轉平台，將未開發利用的車位利用起來，提升車位的利用效率。

（3）共享車位

透過 5G 網路，將每一個車位都納入節點中，根據車輛的行駛路段、路況車流等資料實現車位的共享，有效避免了資源浪費。

傳統的輸入停車位資料的方式都是透過人工操作完成的。在資料統計中，工作人員很可能會因為疏忽而導致資料輸入錯誤。而智慧交通系統透過感應的方式，根據車輛的行駛與停靠的具體情況記錄車位情況，資料一經記錄則無法修改，保證了資料的真實性。

智慧交通系統的每一個節點對應一個車位，每一個車位在 5G 中被當作無形的資產，以此來實現資產的數位化，提升車位的利用效率。

依託 5G 建立的智慧交通系統可即時提供車輛與車位訊息，可有效地提高車位的利用率，為使用者提供更加智慧化的泊車服務。

7.1.3 智慧交通，還需實現的條件

目前，智慧交通的應用還存在一些難題，需要在以後的研發中逐步解決，以實現其應用的條件。

智慧交通實現的難點一方面來源於交通系統自身的複雜性，另一方面來自新技術的不成熟。

道路交通系統由人、車、路三要素組成，三者相互關聯、相互影響。駕駛人員控制車輛向目標前進，同時要遵守交通規則。車輛也受道路環境的影響，車輛動態特性也一定程度上影響了車輛的路徑。人、車、路三方面的複雜關係導致交通系統難以管理，其原因主要包括：

1. 交通系統容量難以確定

交通系統容量受車輛性能、駕駛情況、氣候條件、道路管理的影響，交通系統的容量難以確定。

2. 交通系統出行需求變化靈活

交通系統出行需求由於來源去向、出行目的不確定，出行者的出行變化十分靈活，這也是交通系統管理的難點之一。

3. 交通系統出行路徑及方式靈活

出行路徑及方式取決於出行者的主觀意識，具有靈活多變的特性，其不可控的性質增加了交通系統管理的難度。

總之，交通系統具有時變、不可測、不可控的特點，在打造智慧交通的過程中，這些都是制約其發展的影響因素。

另一方面，智慧交通的實現依託於各種先進技術，5G 的高速網路、大數據的搜集、區域或城市的智慧交通平台建設等，都是智慧交通得以實現的技術基礎。而目前來看，5G 還處於發展的初期，與各種技術的結合也處於試驗階段，未來還需加快研發的腳步，才能使智慧交通落地並應用，普及更多地區。

7.2 智慧照明，充分利用資源

智慧照明依託 5G 與物聯網的結合而發展，它能夠根據道路具體情況進行自動調光照明，既智慧又環保，並且智慧照明不僅有照明的功能，多技術的應用也使其功能更加多樣化。

7.2.1 根據路段情況自動調光

智慧照明依託 5G 與物聯網的結合，形成高品質的智慧照明系統。它可以根據道路的具體情況，例如：有沒有路人或者車輛經過，是否有人在路面停留等情況進行即時監測，調節燈光的明亮程度，保障燈光的有效利用。這樣既能保證人們生活與工作的安全性，又能節約能源，滿足新時代的城市規劃需要。

聖地牙哥就是國家根據城市照明需要，首先將智慧照明投入使用的城市試點。主要是將原有的照明燈具進行調整，安裝上了智慧軟體與感測器，可以即時檢測道路的入口流量、車輛停靠與行駛訊息，為其提供智慧化照明。

聖地牙哥運用這項技術已經為城市每年節約了約 190 萬美元，如果將這項技術在整個美國範圍內使用，預計將為美國每年節約 10 億美元。

智慧照明可以為人們的出行提供便利，也節約了能源，有利於打造綠色環保的生活。它還能夠透過檢測車輛的訊息，幫助車主預定車位，規劃通往目的地的最佳行駛路線。

7.2.2 路燈桿一桿多用

在智慧照明系統中，不僅照明模式更加智慧，路燈桿也會增加新的用途，實現一桿多用。

目前許多城市都展開了對一桿多用的智慧型路燈的探索，建立標準化的桿塔訊息平台，努力實現桿塔資源的共享，以推進道路監控、交通路口指示等眾多桿塔資源的整合。

智慧型路燈可以實現一桿多用的功能。在智慧型路燈中，燈桿上部安裝了基地台和環境識別裝置，基地台保障了 5G 網路的全方位覆蓋，而環境識別裝置可對溫度、風力、濕度等自然環境進行識別，並將資料上傳到中心處理器，便於工作人員分析、操作。

燈桿中部裝有攝影機，能夠對道路上的行人與車輛進行監控，有效地保障了交通安全。

攝影中的監控還具有臉部識別功能，在追回失蹤人口、抓捕犯罪分子等方面發揮積極有效的作用，為人們的生活安全提供了保障。

例如：舊金山利用智慧照明中擁有的無線感測技術，對於道路進行檢測，當感應到槍枝的出現或者使用時，感測器自動開啟警報與定位。將檢測到的槍枝訊息傳送給有關部門，幫助有關部門減少前期的部署時間，提高了辦案效率，降低了犯罪率。

燈桿的下半部裝有充電樁，便於電動類車輛、手機、電腦等電子產品的充電需要；下半部分還裝有路燈控制調節器，可以根據道路的實際情況調節燈照強度，節約了電力資源。

智慧型路燈是智慧照明中不可缺少的重要公共設施。智慧型路燈就像城市的神經末梢，對城市的各種訊息進行搜集、傳輸、分析、發布，讓城市的運作更加完美。

7.2.3 一盞燈連接一座城，實現多種應用

智慧型路燈和傳統路燈存在很大差異，這種差異就在於其是否擁有系統整合能力、問題解決能力、軟硬體一體化能力、後期運營能力。智慧照明系統可以實現「用一盞燈連接一座城」，讓人們的生活更加規律、安全、便捷。

智慧照明是發展智慧型城市的突破口，它能夠運用物聯網技術實現「用一盞燈連接一座城」的偉大壯舉。

智慧照明系統的電線桿具有很多功能，如為電動車提供充電、讓使用者的手機順利連接 WiFi、即時監測道路的情況等，並將資料訊息上傳到中心處理器，檢測空氣品質、外部溫度、風速氣壓等。這些對於北京的智慧城市的建設具有深遠意義。

智慧照明不只為城市提供照明服務，還能滿足人們對於工作與生活的更多需求。在未來，智慧照明的普及將極大地推動智慧城市的發展。

7.3 智慧電網，借助 5G 破解難題

智慧電網主要是指將原有電網進行智慧化改進，推動電網的發展升級。在原有電網向智慧電網的升級中，5G 為其提供了重要的技術支援，使智慧電網擁有更多的應用場景。

7.3.1 5G 對智慧電網的價值

智慧電網的發展離不開 5G 的支援。在 5G 的支援下，智慧電網可實現更多的功能，主要表現在以下幾個方面。

1. 實現配電自動化

5G 可實現電網的智慧分布，實現配電自動化。智慧分散式優勢如圖 7-2 所示。

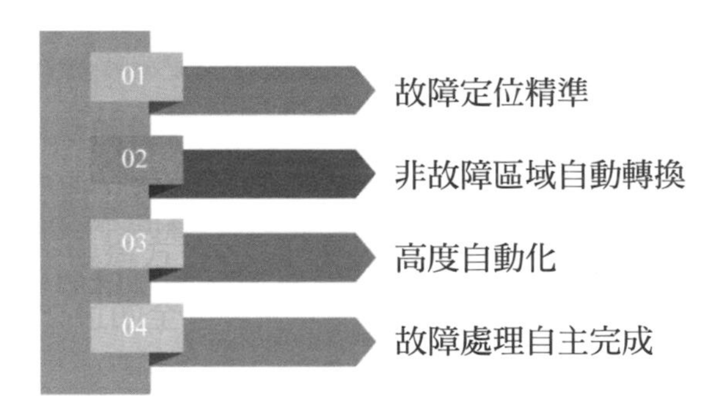

圖 7-2 智慧分散式優勢

（1）故障定位精準

運用智慧式分布能夠在最快速度模式下找到故障的區域點，進而快速解決故障點隔離問題，確保了故障區域的小範圍隔離。

（2）非故障區域自動轉換

非故障區域屬於未被隔離區域，它可以在較快的時間段內實現自動轉換，不會因為故障區域的問題而出現斷電危機，保障使用者的正常用電。

（3）高度自動化

故障區域點的隔離和非故障區域點的正常運作都將採取自動化模式，不再需要人工干預。

（4）故障處理自主完成

對於故障區域點的維修並不需要依靠主站，整個過程可由智慧分布模式自主完成，並不需要主站的參與。

2. 實現毫秒級精準負荷控制

電網的負荷控制主要包括協調部分與行銷體系兩種模式。在電網出現故障的情況下，穩控系統將快速切除負荷來保障整體電網的穩定性。為了防止電網崩潰，負荷控制還可以透過低頻壓的裝置進行負荷減載，藉此穩定電網狀態。穩控裝置雖然能夠集中、準確地切斷負荷，但是對於人們的工作與生活影響較大。

而應用 5G 之後的智慧電網系統可以很好地解決電網系統的各項問題。智慧電網可以將目標物件進行細緻劃分，明確找到使用者內部需要中斷且能夠中斷的負荷部分，並進行處理。這樣既能滿足電網系統出現問題時的應急處理，又能對問題涉及的企業使用者進行分析，對可中斷負荷的使用者進行處理，保障其他部分的穩定性，將損失與影響降至最低，這種方式是負荷控制系統中較為重要的技術。

3. 低壓用電訊息採集

低壓用電訊息採集是對使用者使用電網電力的情況進行資料搜集、分析處理和監控故障的系統。它具有電網電力使用情況的自動採集、異常使用的計量監測、電網電能品質的監測、使用者用電情況的分析與管理、相關訊息的調查與發布、分散式能源的監控、智慧電網機器的資料訊息交換等功能。

使用者的用電訊息採集主要包括計量用電情況、傳達重要資料、網路終端上傳狀態量、主站下達一般指令，呈現出上傳流量大、下達流量小的特點。傳統的通信方式是光纖傳輸與無線網路，使用者的終端網路運用集中器來進行計算和分析，而主站是由中心部門集中部署的。

而在未來的智慧電網中，低壓用電訊息採集具有用電訊息資料訊息隨時上傳的功能。同時，使用者的電網終端的數量也會有大幅度的提升。未來的用電訊息採集將不斷延伸到使用者的家中，可以快速獲取全部用電終端的情況，針對負荷的問題將以更細緻的劃分方法實現平衡的供求關係，指引著企業和使用者合理的用電時間與方式。

總之，5G 對於智慧電網的價值是十分巨大的，5G 的應用使智慧電網增加了很多更便捷、高效的功能，可實現配電自動化、毫秒級精準負荷控制和低壓用電訊息採集。

7.3.2 5G 智慧電網面臨的嚴峻挑戰

雖然 5G 在智慧電網的應用對其發展發揮了積極的推動作用，但智慧電網目前的應用與普及依舊面臨著很大的挑戰。智慧電網面臨的挑戰如圖 7-3 所示。

圖 7-3 智慧電網面臨的挑戰

1. 對於基礎設施的需求增多

智慧電網需要較為廣泛且靈活的網路覆蓋模式。目前，智慧電網的網路覆蓋結構並不明確。隨著智慧電網的安裝區域不斷擴展，如何支援電網的正常執行仍有不確定性，智慧電網的功能與效果還需要不斷試驗。

除此之外，還有採用新技術所帶來的基礎設施建設問題，可能遇到基礎成本、風險操作、工作人員技術知識不充足等問題。

2. 通信標準欠缺

通信標準欠缺，尤其與電源的分布模式、能源儲存等相關的標準化的缺失，會對各個單位的系統最佳化、資料交換、執行效率造成巨大干擾。

3. 互操作性標準需完善

互操作性標準的完善，使智慧電網系統的各類裝置中的相互協調運作成為可能。但在某些產業，像電源的分布模式與能源儲存所具有的標準還十分有限。

電源的分散式連接模式在協調功能無法達到目標的情況下，只能以滿足部分需要或自查自治的方式執行。電源的分散式管理與發展需要從智慧電網的角度考慮，使其與智慧電網相互協調運作。

4. 電腦網路安全

在網路產業，訊息資料還存在諸多風險，這些都會成為阻礙智慧電網順利普及使用的問題。

5. 分散式電源與規劃模型

智慧電網的規劃模型受電腦網路、各類設施、市場接受情況、國家政策的支援等各方面的影響。而在分散式電源和規劃模型的建設中，如何最佳化網路系統，成為需要解決的重點問題。

6. 負荷、電源計劃安排和調度

在逆變器的再生能源促使發電的這種模式日益發展的情況下，智慧電網的相容性十分受限。其需要改變成為同時管理原有發電系統和新技術帶來的逆變器控制下可再生能源發電的相容模式。

智慧電網雖是新時代的產物，但在實際進行操作的時候，還存在諸多挑戰，需要在日後的應用中逐步克服。

7.3.3 5G 智慧電網的應用場景

透過對產業需求的分析，可以找出對於 5G 具有迫切需求的場景。在未來，5G 推進智慧電網的發展會展現在四大場景模式之中。

場景 1：智慧分散式配電自動化

配電自動化是一項綜合訊息管理系統。它可以改進電能品質，降低執行費用，為使用者提供更好的服務。

目前主要採用的是集中式配電自動化模式，但隨著可靠性供電要求的提升，可靠性供電區域必須實現電力不間斷供電，將事故時間縮至最短。

這對集中式配電自動化的集中處理能力提出了嚴峻的挑戰，因而智慧分散式配電自動化是未來配網自動化發展的趨勢之一。

場景 2：毫秒級精準負荷控制

目前，電網處於「特高壓交直流」電網的建設時期，保障控制系統的安全穩定性依然是出現故障的情況下保障電網安全的重要手段。若某線路出現「特高壓直流」雙向關閉，電網系統的損失功率將超過既定限額，電網的頻率不再穩定，甚至會出現系統頻率停止運作等問題。

而依託 5G 的智慧電網系統可以很好地解決電網系統的各項問題。根據新技術帶來的對負荷控制的精準性，將目標物件進行細緻劃分，明確找到使用者內部需要中斷且能夠中斷的負荷部分，並進行處理。這樣既能滿足電網系統出現問題時的應急處理，又能對問題涉及企業使用者進行分析，對可中斷負荷的使用者進行處理，保障經濟生活的穩定性，將各類損失與影響降至最低。

場景 3：低壓用電訊息採集

低壓用電訊息採集是對使用者的用電情況進行資料搜集、分析及監控故障的系統。

在未來，低壓用電訊息採集在智慧電網的助力之下，將有用電訊息、資料訊息等隨時上傳的功能。同時，企業與使用者的電網終端的數量也會有大幅度的提升。未來的用電訊息採集將延伸到使用者家中，快速獲取全部用電終端的情況，針對負荷的問題將以更細緻的劃分方法實現平衡的供求關係，指引著企業與使用者合理的用電時間與方式。

場景 4：分散式電源

風力發電、電動汽車充電站、儲能裝置和微網等分散式電源是一種為用戶端服務的能源供應方式，可獨立或併網執行。

分散式電源併網執行給電網的安全穩定執行帶來了新的挑戰。傳統配電網的設計沒有考慮分散式電源的接入。而分散式電源在執行後，網路結構發生了變化，從原來的單電源網路變為雙電源或多電源網路，配電方式更加複雜。

因此，配電網需要發展新技術，增加配電網的穩定性、靈活性。分散式電源監控系統使得控制自動化得以實現，可以進行資料採集及處理、功率調節、電壓控制、孤島檢測、協調控制等功能，可滿足分散式電源的穩定執行。

透過對於 5G 智慧電網的應用場景的分析可以看出，在不同的場景下，各種業務的需求差異有明顯區別，這體現在對於不同技術的不同標準之上。

7.4 智慧城市保全，改變實際應用

安全是人們健康生活的重要保障，將 5G 與保全系統相結合，可打造新型智慧保全，獲取真實、有效的資料。透過對於資料進行合理分析，找到解決安全問題的方法。

7.4.1 透過智慧化手段，自行識別焦點

公共安全一直是各個國家（或地區）所關注的重點問題，而智慧保全已融入社會需要的很多方面，保全監控涉及交通領域、公共安全領域、工商業領域，以及家居設計等眾多領域。

公共安全是十分重要的，目前，影像監控技術快速發展，圖像畫質越來越高，監控產業也不斷擴大，但這些卻沒有真正意義上提升影像監控的效果和價值。

其原因就在於保全系統需要人、物、技術三方面的結合。而大規模的影像監控會產生大量的圖像訊息資料，增加了工作人員的工作強度和圖像重播的複雜性，影響了監控的價值與追溯的有效性。

想要解決影像監控的難題，需要監控裝置更加智慧。影像監控裝置的圖像中真正需要的不是全部內容，而是其中關鍵的少部分。如果監控裝置能夠透過智慧技術自行識別監控的焦點內容，那麼，每次儲存與傳輸的才是真正有價值的內容，才可以提高影像監控的效率。

傳統保全系統對於人類的依賴性比較高，而智慧保全系統能夠實現自主智慧判斷，節省了人力資源。在智慧監控影片中，智慧保全系統可以自動辨別，並對突發事故自動報警。

智慧保全系統相比於傳統的保全系統更加高效、便捷，不但節省了人力成本，而且對於事件的反應十分迅速，可使保全更具效果。

7.4.2 實現臉部自動識別

自動臉部識別技術在保全業一直是熱門話題，它是生物識別中重要的技術。隨著 5G、人工智慧等技術的研發與應用，自動臉部識別技術也隨之發展，並在城市智慧保全發揮了十分重要的作用。

1. 助力城市保全

智慧城市的建設離不開自動臉部識別技術的應用。在警察巡邏、入戶調查、出國入境，以及民事刑事各類案件調查中，警察都會運用自動臉部識別技術來確定相關人員的身份。並且，在查看錄影時，巨量的資料訊息會耗費大量時間和警力。而臉部自動識別系統可以透過網路儲存的資料訊息實現人員身份管理，提高辦事效率。

2. 賦能智慧交通

各個城市的交通樞紐都是城市設施建設的重點，而人口流動大、人員結構較為複雜等因素為案件的解決造成了難題。臉部自動識別系統可實現對於交通樞紐區域、各大商場住宅電梯出入口、出入境進出口的排查跟蹤工作。

3. 保障校園安全

拐賣兒童與人口走失的案件時有發生，為保障學生安全，學校可統一安裝臉部自動識別系統。

學生或者家長進出校園需要刷卡，家長透過臉部識別認證才能接回學生。如果認證無效，系統會自動拍照，並立即響起警報通知工作人員。如果認證成功，系統會正常拍照，並予以放行。

無論識別認證是成功，還是失敗的，系統都會自動拍照作為記錄。在記錄上，對於每次接送都有具體的時間標註。不僅如此，系統還具有簡訊提示功能，家長可以透過手機查看照片，即時監控接送學生的過程，將拐賣學生的可能性扼殺在搖籃裡。

4. 社群管理應用

臉部自動識別系統也可以應用在社群之中，既保障了社群的安全，又便於社群的管理。在未來，進入智慧社群將需要進行臉部識別，全方位保護居民的隱私與安全。同時，依靠臉部自動識別系統可方便社群對於外來人員的管理，提升了社群整體的服務品質。

臉部自動識別技術可激發研發人員對於智慧保全的熱情，可助力智慧城市的發展，保障人們的生活安全。

7.4.3 無線傳輸，提高監控有效性

在市場中，智慧保全主要應用方式體現在無線用戶端，也就是手機監控之中。透過下載監控類 App，使用者可以即時透過手機監控或查看家中、商店、企業的具體情況。5G 的發展使手機的監控影片品質有了很大提升。同時，5G 與物聯網的結合，更加促進保全監控業的高速發展。

在智慧城市保全的建設中，即時監控系統將得到大力發展，它可以透過軟體影片進行即時的監控，既便利又靈活。依託 5G 網路，無線傳輸模式的移動監控系統將發展得更加智慧。

無線監控主要由兩大類組成：一類是由固定裝置接收移動手機傳送來的訊息，這種類型常在警用方面使用；另一類是由固定裝置傳送資料訊息至移動手機處，這種類型則常用於家庭保全，如智慧型手機監控軟體。

在一般情況下，監控裝置與被監控目標處於固定狀態，而監控中心可以是移動狀態。而當監控基點較為分散、監控目標不再固定、監控中心與其有明顯的距離時，可以運用無線網路監控系統進行即時監控，提高了監控的有效性，保障智慧保全的價值更好地實現。

無線監控系統降低了布線工作的工作量，節約了成本費用，即時定位能力較高，具有較強的靈活性，主要表現在以下兩個方面：

- 投入成本降低，無線監控系統使得監控任務不再受線纜管道的拘束，安裝花費的時間較短，運營維護便捷。
- 無線監控系統的擴展性較好，可以靈活改變移動終端裝置的模式。

無線傳輸技術對於智慧保全和智慧城市的建設都有巨大的推動作用，依託無線傳輸技術發展的智慧監控系統是智慧保全的中心內容，智慧保全也是建立智慧城市的重點內容。

5G，助力智慧物流

5G 時代的到來已成趨勢，在新的時代，任何產業都離不開新技術的使用。物流業也需不斷改善自身，運用 5G 完善工作模式，提升工作效率，更好地服務於消費者，給消費者更加美好的購物體驗。

本章摘要：

8.1 傳統物流存在的問題

傳統的物流模式存在效率低下、訊息化程度低等缺陷，影響消費者的購物體驗。

8.1.1 傳統物流的四個環節

傳統物流的四個環節包括：包裝、運輸、裝卸和倉儲。傳統的物流環節效率低下、人力成本高，並且訊息化程度低。5G 在物流業的應用，能夠給其提供技術支援，使物流業的發展產生巨大變革。

傳統物流體系中，往往一個環節出現問題，整體的物流流程都會受到影響。不僅影響消費者的購物滿意度，還增加了物流成本。傳統物流中存在的問題如圖 8-1 所示。

圖 8-1 傳統物流中存在的問題

1. 物流體系反應慢

物流流程中的各個部門都以自己的利益為先，這使得各部門之間不能很好協作，降低了整個體系的運作速度，增加了運營成本。

例如，某服裝品牌，商品的供應商和銷售商之間沒有進行良好的溝通，庫存訊息沒有及時共享，造成了供應商的倉庫裡積壓了大量商品，而一些銷售商卻出現商品斷貨的問題。這不僅增加了供應商的庫存成本，還影響了銷售商的銷售業績。

2. 物流訂單處理慢

在物流流程中，訂單的處理快慢直接影響商品的打包、運輸、交貨效率。傳統物流從訂單處理到發貨一般用時 1 ～ 2 天，但是根據不同商品的生產性質、運輸地點、交貨方式的不同，所需時間可能還會更長。

3. 物流規劃布局不合理

物流體系中的地域問題也十分嚴重，每個地區都希望建設成為物流中心，導致各地區之間的割據現象嚴重，綜合性管理能力不高，資源浪費嚴重，影響物流體系的整體發展行程。

4. 物流配送模式不佳

目前有很多企業都建立了自己的物流體系，但是大部分營運規模小，服務品質也難以保證。

物流體系中存在的弊端會影響到打包、運輸、裝卸、倉儲的各個環節之中，使得環節與環節之間的銜接不通暢，最終會影響物流體系的效率。

8.1.2 傳統物流的配送問題

傳統物流的配送方面也存在諸多問題，原因就是一些企業在物流配送方面存在認知誤區。一些企業只將物流配送視為配貨和送貨兩個環節，沒有形成為客戶服務的理念。在配送方面，傳統物流存在的問題主要表現在以下幾個方面。

1. 配送比率低、配送成本高

目前大多數生活用品的配送比率較低，配送的殘損率較高，這些問題十分不利於生鮮食品和其他快消品的配送。

2. 設施落後、功能不全

由於現代化配送中心需要高資本投入，為節省成本，一些企業將原有的倉庫改造為配送中心，自動化設施十分缺乏，配送中的裝卸、搬運等大都由人工完成，導致效率低下，殘損率高。

3. 物流配送模式選擇不當

目前，物流配送模式有四種：供應商配送、企業配送、供應商與企業共同配送、第三方物流配送。企業應該根據自身實際情況來綜合運用這些配送模式。

4. 訊息系統不完善、訊息處理能力欠缺

大多數企業沒有完善的配送訊息系統，依靠人工處理配送訊息，有的企業雖然建立了訊息系統，但訊息處理能力也十分欠缺。

5. 缺乏配送人才、管理水準不高

目前精通經營管理、物流配送運作的複合型人才十分缺乏，人才的缺乏影響了配送中心的物流訊息處理和系統的完善等，影響了配送中心的管理品質。

傳統物流中的配送問題也是傳統物流中需要解決的問題之一，配送的諸多弊端不僅影響了消費者的購物體驗，企業增加的支出成本、效率低下等問題也影響了企業的效益。

8.1.3 物流體系不完善

物流業發展迅速，傳統物流業如果對未來的發展趨勢把握不到位，很容易將服務局限在基礎層面，不利於未來的良性發展。

由於物流體系的不完善，消費者經常在商品的物流配送中遇到商品損壞、物流未更新、商品遺失、退款困難等問題。

例如，一名消費者於連假期間在網路上購買了一件價值 200 元的商品，從廣東廣州發往北京，但物流更新在顯示到了河南鄭州之後就再也沒有更新過。該消費者打電話詢問客服情況，客服推脱連假期間快遞量大，連假後快遞就能送達，但是最終物流也沒有更新，最後消費者才被告知商品已遺失。

從上述案例中不難看出，商品遺失不僅給消費者帶來了不良的購物體驗，也給商家造成了損失。雖然物流業成長迅速，但是由於物流企業過分注重開設網點，擴大業務量，忽視了消費者權益的保障，產生了諸多問題。問題產生的原因可能是工作人員的失誤，但也反映出了物流體系的不完善，主要表現在以下幾個方面。

- 物流服務業功能單一，工作人員的服務意識不強。
- 物流業的資源整合力度低。
- 同時具備運輸、配送、倉儲等一體化功能的物流企業較少，運輸、配送過於分散，極大地影響了效率。
- 物流業的交通運輸、服務管理、供應鏈機制和物流訊息化服務等都不盡完善，物流業內部也缺少統一的標準。

由此可見，若想打造更具優勢的智慧物流，改進傳統物流的缺點是必要的。

8.2 智慧物流的功能與特點

在 5G 的支援下，物流業的感知功能增強、整體規劃功能和分析功能都普遍增強，並且具有互聯互通、深度協同和自主決策的優勢。

8.2.1 智慧物流的七大基本功能

智慧物流依託 5G、大數據和物聯網等技術有效地提高了物流的效率，也將為消費者帶來更好的消費體驗。

2019 年 3 月，浙江嘉興的菜鳥驛站物流園已經將「智慧物流」的概念融到物流園的日常工作中。

以往園區內的貨物搬運費時、費力，現在搬運工作基本由機器人完成。消費者在網路上下單後，機器人可立即從立體倉中將貨物取出，並按照訂單需求將貨物分裝，自動完成快遞單的貼上，隨後自動向收貨地址分發。從倉儲、出庫、貼快遞單再到分發，全程均為自動化操作。

除此之外，物流園還引進了電話機器人，電話機器人一天內能夠接打電話 100 萬餘次，能夠有效解決消費者的取件時間和派送方式等，提高了配送效率。

由以上智慧物流園的案例可知，智慧物流的發展能使現有的物理體系更加完善，原因就在於智慧物流的七大基本功能。

1. 感知功能

智慧物流能夠實現運輸、倉儲、包裝、搬運、配送一體化，並能做到即時訊息傳遞，準確掌握配送情況，以往商品在物流中遺失的情況將不會發生。

2. 規整功能

智慧物流透過感知能將訊息收集到網路中心，並進行分類，能夠推進整體網路融合，提高整體效率。

3. 智慧分析功能

智慧分析功能透過模擬器模型分析物流過程中的問題，藉此甄別物流運輸過程中的薄弱環節，並及時修正。

4. 最佳化決策功能

最佳化決策功能對物流過程中的成本、時間、服務等方面進行整體評估，及時預測風險問題，儘快提出解決方案。

5. 系統支援功能

系統支援功能能夠有效最佳化現有的物流體系，將物流的不同環節相互聯繫，整體最佳化資源配置，提高各環節的協作能力。

6. 自動修正功能

自動修正功能可以準確找到問題，制定解決方案後，並自動對問題進行修正，同時記錄修改的內容，方便以後尋找。

7. 及時回饋功能

及時回饋功能貫穿於智慧物流的每一個環節，工作人員可及時了解物流的每個環節，同時為系統問題的解決提供了保障。

智慧物流這七項功能的應用能夠進一步解放生產力，降低運營成本，提高物流的效率。

8.2.2 智慧物流的三個特點

智慧物流依託 5G 而發展，是網路技術與物流業的融合，無論是物流系統的智慧感知能力、規整能力，還是自動修復能力，都展現了智慧物流對於新技術的高效應用。智慧物流的三個特點如圖 8-2 所示。

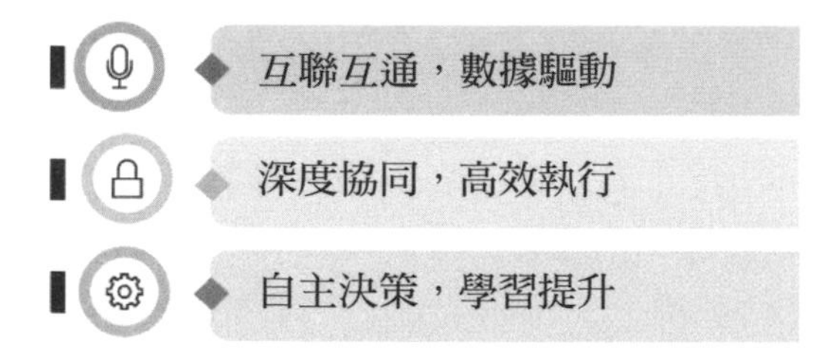

圖 8-2 智慧物流的三個特點

1. 互聯互通，資料驅動

所有物流環節實現互聯互通，並且全部數位化管理，物流流程訊息可即時獲得，物流系統以資料訊息為驅動，有效提升了物流體系的效率。

2. 深度協同，高效執行

不同的物流和企業集團之間深度協同，物流全程實現演算法最佳化布局，將整個物流業連成一個整體，提高各系統之間的分工協作能力。

3. 自主決策，學習提升

物流系統擁有自主學習能力，透過大數據和人工智慧構建物流系統的「智慧大腦」，能夠在學習過程中不斷提高執行能力和系統最佳化能力。

總之，智慧物流系統具有高效的自主學習能力，並且能夠實現訊息同步，有效提升物流體系的調度、協作水準，最佳化整體布局。

8.3 5G 場景下的智慧物流

5G 的應用為物流業的發展提供了技術支援，各類建立在新技術基礎之上研發的智慧機器和系統，推動了物流的智慧化發展。在未來，車聯網、倉儲管理、物流追蹤、無人配送裝置等場景都是智慧物流的展現。

8.3.1 5G+ 車聯網：無人駕駛承運車 + 智慧堆高機

無人駕駛承運車和智慧堆高機是十分引人矚目的物流新裝置。無人駕駛承運車主要應用於物流的運輸，而智慧堆高機則大大提高了商品的分揀和上架效率。

除了無人承運車，智慧堆高機也是智慧物流中的重要裝置。傳統的物流業中，堆高機負責貨物的揀選和運輸工作。5G 的應用促進了傳統堆高機的升級，進一步適應了智慧物流的倉儲要求。

條碼識別、無線傳輸等技術開始加入智慧堆高機的功能中，提高了智慧堆高機的工作品質與複合能力，增加了附加價值。

根據市場需求，東大整合企業利用 5G 研究出了智慧堆高機方案，這個方案主要是指將 AUTOID Pad、掃描槍、集線盒運用於智慧堆高機之中，將軟體技術與硬體技術融合在一起，將堆高機系統與倉儲管理相結合，增強整體運作系統的高效控制與管理。

AUTOID Pad 產品擁有 7 英寸（1 英寸 =2.54 公分）的螢幕，適合處理訊息，便於攜帶；支援 5G 網路的使用，設計獨特，訊號強度較高，抗干擾能力較強，能在嘈雜的倉儲環境中平穩執行，保障了工作效率。

其電池容量較大，能支援機器執行 12 小時以上，同時，先進的掃描引擎能實現極速掃描。

無人駕駛承運車和智慧堆高機的應用可以從運輸到分揀各環節有效提升配送效率，實現了倉儲物流的全方位管理。

8.3.2 5G+ 智慧倉儲管理系統

倉儲管理是物流的重要一環。傳統的倉儲管理需要工作人員對每一件貨物進行掃描，不僅工作效率低，並且容易發生貨物分類錯誤或雜亂堆積等現象。

智慧倉儲管理系統的應用能有效提高進出貨效率，合理利用貨物儲存空間，擴大儲存容量，降低工作人員的勞動強度，並且能夠及時對貨物進出進行監督，提高交貨效率。

由於商品對物流造成的壓力，爆倉和丟包的情況時有發生。2018 年「雙十一」期間，京東的成交額達到 1,598 億元，天貓的交易額達到 2,135 億元，總訂單量更是超過十億件，物流業面臨的壓力可想而知。

而智慧倉儲管理系統能有效減少「雙十一」後的爆倉現象，也能降低工作人員的工作強度，提高快遞的配送效率。智慧倉儲管理系統具有以下幾大優勢。

1. 出庫管理

出庫管理可以對大批次貨物入庫和出庫的訊息同時進行採集與校驗，能有效降低短時間內出貨量大帶來的管理難度。

2. 移庫管理

移庫管理能夠明確掌握貨物訊息，完成貨物的精準移庫，減少移庫錯誤。

3. 盤點管理

工作人員可以透過貨物訊息採集機對所有貨物進行快速盤點，有效提高工作效率。

4. 無線監測

無線監測可以透過無線溫度感測器實現對貨艙溫度和濕度的變化進行 24 小時監控。

5. 電子標籤

電子標籤的使用能即時顯示貨物的電子物流狀態，工作人員可即時監控貨物訊息。

6. 智慧化調度

智慧化調度能夠對資料進行分析，並能實現裝置、工作人員和貨物的智慧化調度。

除了以上優勢，智慧倉儲管理系統還能增強訊息的安全性，減少貨物冒領和遺失情況的發生，智慧倉儲的溫濕度監控功能也有利於食品類貨物的儲存。

8.3.3 5G+ 物流追蹤：運輸監測和智慧調度

5G 在物流業的應用中展現出了極大的優勢，其優勢包括最佳化廣泛產業中的物流，提升人員安全，提高資產定位與跟蹤效率，最終實現成本最小化。除此之外，5G 還將實現在途商品的動態跟蹤、運輸檢測與智慧調度。

在運輸監測中，利用 5G 可以完成車輛及貨物的即時定位跟蹤，對貨物的狀態、溫濕度情況進行監測，同時能監測運輸車輛的速度、胎溫胎壓、油量油耗等車輛行駛情況。

在運輸貨物過程中，將貨物、工作人員及車輛駕駛情況等訊息結合起來，可提高運輸效率、降低運輸成本與貨物損耗，消費者與物流企業都能清楚了解貨物運輸過程中的情況。

除此之外，利用 5G 還能實現車輛的智慧化調度，提前為易碎、易燃、易爆等貨物安排好配送路線，有效縮短運輸時間，提高運輸效率。

福建好運聯聯的無車承運人平台是全國首家將 5G 傳輸的窄頻物聯網技術應用到貨運物流中的企業。該企業透過一系列感測技術，將人、車、貨連接起來，即時監控貨車運輸動態，實現透明化運輸。

運輸車輛不僅能即時向後台提供在途的位置和行駛軌跡，其配備的有關油耗、溫濕度、姿態等八大感測器，還能即時提供相關資料，實現與平台之間的智慧調度互動，最終實現高效物流，產品配備的八大感測器如圖 8-3 所示。

圖 8-3 產品配備的八大感測器

例如，透過空重感測器回饋的資料，後台能了解這輛車是否處於載貨狀態；透過姿態感應回饋的資料，後台能了解貨車內貨物的擺放是否處於正確位置，以及時進行調度。

隨著 5G 時代的到來，物流業將因 5G 的應用而迎來爆發式發展，實現高畫質攝影等大容量、非結構化資料的即時傳輸與處理。

8.3.4 5G+ 無人配送裝置：智慧快遞櫃 + 配送機器人

5G 的應用將助力於物流配送，既節省人力成本，又提高了工作效率，還能提升消費者的購買體驗。智慧快遞櫃和配送機器人就是應用於智慧物流配送環節的重要裝置。

智慧快遞櫃的原理比較簡單，每一件快遞都有自己的單號，而在射頻、紅外線和雷射掃描等技術的應用下，能將每一件快遞都納入物聯網中，實現快遞訊息與網際網路的結合。

智慧快遞櫃上的訊息識別系統和攝影訊息採集裝置也能將所有訊息傳遞到資料中心處理，再回饋到每一個裝置終端，完成簡訊提醒和身份識別等工作。

快遞專用的配送機器人擁有大量感測器，能對圖像、溫濕度訊號進行採集，配送機器人在使用過程中能夠向收貨人發送配送訊息，保證配送任務的順利完成。配送機器人的應用還處於試用階段，可以成為人工配送的補充，提高整體配送效率。智慧快遞櫃和配送機器人為智慧物流的發展注入了新的力量，能有效提升物流的配送效率。

5G+ 新零售，開啟購物新模式

新零售的概念是「線上 + 線下 + 物流」，未來純電商會逐漸消失，市場將迎來新零售模式，線上與線下需要相互結合，而 5G 應用於新零售業，可開創購物新模式，提升消費者的購物體驗。

本章摘要：

9.1 新零售概述

5G 將改變未來的消費模式，零售業也將突破傳統模式表現出「新」的業態革命，新零售將透過 5G、人工智慧和大數據的結合，實現零售業服務體系的變革和發展。

9.1.1 新零售的概念

新零售是相對於傳統零售而言的，它可為消費者創造一個線上線下互通的消費場景，讓消費者既能享受購物的樂趣，也能體驗到場景環境的氣氛，提升整體的購物體驗。

例如，李華想要在週末改善伙食，為了節省開支，他會選擇去菜市場買菜親自下廚，買菜與做飯的時間加在一起，想要吃上一桌豐盛的菜餚，至少需要一個上午的時間準備。

但是在新零售的場景下，李華想要在週末大快朵頤，親自下廚就不再是唯一選擇。想吃海鮮可以在 App 上挑選來自世界各地的新鮮食材，澳洲的龍蝦、挪威的鮭魚、南非的生蠔應有盡有。李華可以在 App 上挑選食材，選好食材後還可以和客服溝通食材的製作方法，這樣一來無論是在餐廳用餐，還是在家中享受美食，都可由李華自由決定。

由此可見，以餐飲業為例，新零售不僅為消費者提供更加方便快捷的服務，還為消費者豐富了就餐場景，為消費者帶來更為人性化的服務。新零售帶來的五大變化，如圖 9-1 所示。

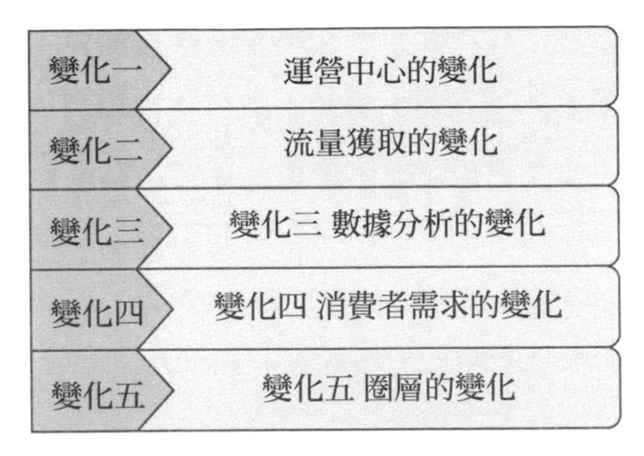

圖 9-1 新零售帶來的五大變化

- 運營中心的變化是指過去以企業、品牌為主導，現在以使用者為主導。
- 流量獲取的變化是指商品的購買被賦予社交功能，因此商家流量的獲取也和過去不同。
- 資料分析的變化是指透過大數據的方式對消費者進行畫像和精準定位。
- 消費者需求的變化是指消費者的個性化需求增強。
- 圈層的變化是指聯合運營，從點到圈，全面為消費者服務。

新零售可以實現智慧場景的升級，為消費者提供更加個性化的服務。

9.1.2 新零售的發展

新零售的關鍵是以消費者為中心，分析記錄消費者的購買行為，為消費者提供多元的場景體驗。在設計和服務過程中，結合人工智慧和數位平台的系統計算，滿足商家對於消費者資料的觀察要求，實現供應鏈和場景布局的最佳化，實現線上線下服務的精準配合。

傳統的零售業通常以「店」為單位，消費者是否進店購買商品的隨意性較強，供需平衡較難把握，商品積壓或是商品短缺的現象時有發生。店的情況也和傳統零售業類似，同樣難以平衡供需關係。

但是新零售業的發展卻可以解決傳統零售業和電商的供需平衡問題。新零售透過對「消費者、商品、場景」三大要素的升級，能從商品的供應鏈上就進行最佳化，實現對商品運營更為精細的把控。

在新零售的場景下，消費者下載便利商店 App 後，無論是到店購買了一瓶水，還是在 App 上購買了外賣咖啡，大數據平台都會對這些資料進行分析處理，為消費者精準畫像，推薦消費者感興趣的商品。在店內，消費者只需打開 App 就能實現自助結帳付款，免去了人工結帳、排隊等候的時間。

生鮮超市新零售概念的引入也為不少消費者提供了便利。特別是前置倉的引入，不僅省去了開實體店選址、運營成本的投入，還切實保證了生鮮產品下單後，40 分鐘內到家的快捷服務，讓線上即時購買生鮮商品成為可能。

無論是便利商店 App 的引用，還是生鮮超市便利的前置倉服務，都是線上數位化技術分析和線下店面和物流配送的結合體，這種更為細分的場景化運營不僅能夠有效擴大運營規模，也能降低運營成本，為消費者提供更為滿意的服務。

9.1.3 產業驅動力

新零售業的驅動力主要圍繞大數據分析、雲端計算平台和智慧科技展開。新零售業涉及的範圍也較為龐大，無論是線下商店，還是線上電商都希望在新零售時代到來之際儘快轉型。

新零售帶來的產業轉型主要依託於線下場景，以及消費者、商家、供應鏈的共同參與。消費者在場景中的體驗主要包括從線上到線下的一切場景，不僅包括物流方式和支付手段，也包括如何輔助各類場景為消費者提供更好的服務。

電商對於新零售的定位類型如圖 9-2 所示。

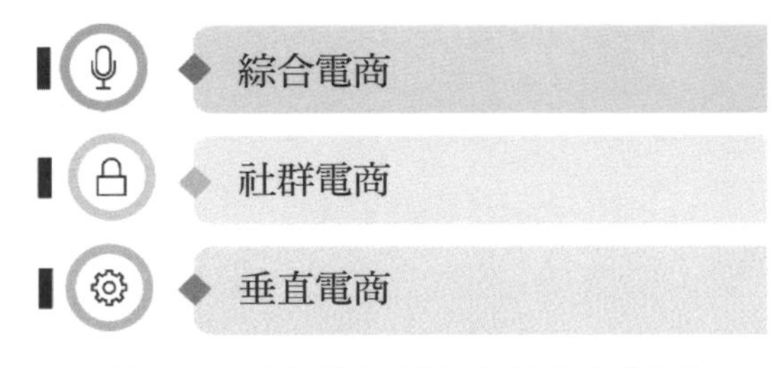

圖 9-2 電商對於新零售的定位類型

1. 綜合電商

像蘇寧易購、淘寶、京東等類型的綜合電商，已經為新零售時代的轉型做好了準備。從生產端到消費端之間資料的把控，綜合電商業能進一步提高運營效率。

以淘寶上生產的一款基本款洗髮精為例，先和製造商確定基本生產協議，再根據不同商家的要求調配消費者需求的香型、包裝，再增加去屑、控油、保濕等不同功能，根據消費者需求製作商品。

2. 社群電商

小紅書和蘑菇街就是社群電商的代表。和綜合電商不同，這類電商的消費者群體的區分較為明顯，消費者會在社群內進行交流溝通，並在社群內挑選商品，解決了在消費者巨量購物平台上選擇商品的時間。

O2O 模式是社群電商向新零售轉型的關鍵點，能夠實現網路上購物和線下店面的結合，消費者可以在線上挑選並享受線下的送貨上門服務，直觀的評論方式也能促進商品推廣。

3. 垂直電商

唯品會和貝貝網都屬於專營某個類別特定商品的電商平台。專營育嬰商品的貝貝網在新零售時代也將實現服務升級。社群電商將是垂直電商的新增長點，以個人吸引消費者，實現流量的增長，發掘購買潛能。

新零售對於傳統線下商店的衝擊更為明顯，傳統的購物廣場和新興的生鮮超市、便利商店都將迎來轉型期。例如，便利商店的改造升級，智慧零售等創新模式都將給線下商店模式帶來變革。

綜上所述，未來新零售業的發展是線上電商和線下商店發展的機遇。與此同時，5G 的應用也將有效解決新零售對網路頻寬和雲端平台訊息處理的要求，為消費者提供更加便捷的服務。

9.2 5G 對新零售的意義

5G 時代的新零售主要的驅動力集中在消費者體驗上，不是單純對傳統電商進行重構，新零售將逐步實現對「人、貨、場」三方面要素的全面重構。

9.2.1 無界新零售賦能計劃的成功

無界新零售是依託於 5G，透過對人工智慧技術和大數據的分析實現企業從傳統零售模式向新零售的轉型，主要從人工智慧入手。

2019 年 5 月 21 日，在北京舉行的「智享無界」大會正式召開，大會由京東和數百家零售業、AR 產業聯合舉辦，會議的主題是 AR 技術對於無界新零售業的賦能，全面打造線上線下同步的新零售場景。京東將為合作成員提供以下支援。

1. 技術支援

京東以獨特的技術研發優勢為電商成員提供技術支援，為成員打造無界零售的新生態，並支援 AR 零售在新零售中的應用。

2. 資源支援

京東還將為電商成員提供流量支援，以及包括落地技術、投資渠道、金融服務在內的全方位協助，降低電商成員向新零售轉型的風險，同時推動技術創新。

3. 服務支援

京東將為每一位電商成員打造新零售轉型的落地方案，並且不斷實踐創新成果在實際中的應用，協助 AR 技術和新零售場景的結合，提升電商成員的競爭力。

AR 技術和新零售的結合已有成功的案例。京東已經擁有試妝和試衣功能的 AR 眼鏡，讓 AR 技術真正落地，融入新零售場景中。

AR 試衣鏡可以實現在 3 ～ 5 秒內產生消費者的 3D 模型，實現一鍵試衣。AR 試妝鏡的原理和試衣鏡類似，也可以免去消費者反覆試妝的困擾，預計這兩項技術將很快投入實際應用中，而 5G 的應用也可以作為 AR 技術的強大支撐。

由此可見，無界新零售計劃賦能在眾多企業的共同合作發展之下，擁有廣闊的發展前景，也將給新零售業帶來新的變化。

9.2.2 智慧型手機品牌將煥發新的活力

目前，隨著智慧型手機普及率的增加，消費者更換手機的頻率也逐漸放緩。相關資料統計顯示，安卓使用者年換手機比率已經下降了 11.2%，而蘋果使用者也下降了 11.8%。

除了市場趨於飽和，產品創新不足也是智慧型手機市場發展緩慢的重要原因。5G 時代的到來勢必促進智慧型手機的更新換代，而新零售模式也能促進智慧型手機的銷售，小米之家模式在新零售模式方面就做出了成功示範。

雖然截至 2018 年 10 月底，小米之家的全國門市只有 300 多家，但是已經成功達到了每坪營業額 27 萬元的成績，主要得益於以下幾個方面。

1. 削減品牌數量

削減品牌數量指的是小米手機的同類產品只有一款，能夠充分滿足消費者需要，也能減少消費者挑選手機的時間。

2. 轉變銷售方式

在網際網路時代，消費者對於商品的了解較為全面，已經不再需要店內工作人員誘導式的導購。消費者更加注重的是商品功能的體驗，而小米之家就成為不少公尺粉體驗最新商品的場所。

3. 統一配送服務

小米體驗店和一般的智慧型手機商店不同，在店內只提供體驗服務。消費者下單後可享受送貨上門和後續的安裝服務，倉儲和物流的分離也能提升消費者的購物體驗。

總之，新零售可以作為智慧型手機產業擴展市場的新方向，智慧型手機品牌可借助新零售模式提升自身品牌形象，提供更周到的服務。

9.2.3 商業場景化變得異常簡單

說起新零售的商業場景，一小時內極速達的生鮮速遞和無人超市、無人售貨櫃等便捷的消費模式將成為現實。新零售的到來將為人們的生活帶來諸多便利。

新零售的代表「超級物種」和航空企業的合作就為消費者提供了全新的消費場景，將目標客戶瞄準「空中一族」。目前機場的餐飲業品種單調，品質也缺乏保障，很難滿足消費者的就餐需要。「超級物種」就對準了機場餐飲業，致力於為消費者提供更加完善的服務。

開設在機場航站樓大廳內的「超級物種」旗艦店由「船歌魚水餃」、「盒牛工坊」、「鮭魚工坊」、「愛啤士工坊」等孵化工坊共同組成。「超級物種」為消費者提供食材多樣的菜品選擇，還為消費者提供具有當地特色的禮盒商品，將餐飲和購物兩大場景融為一體。

「超級物種」不僅商品種類多樣齊全，還特地為經常出差的「空中一族」們提供了數十款「一人食」套餐，滿足了消費者多樣化的用餐需要。

由此可見，新零售不僅為消費者提供了更加多樣的消費場景，還簡化了消費流程，讓消費者可以隨時、隨地享受優質服務，提高消費體驗。

9.3 新零售三要素的升級

新零售的三要素主要由消費者洞察、精細化運營和商品與供應鏈的管理組成，基於 5G 應用的大數據分析和雲端的資料處理平台是新零售業技術升級的重要支撐。

9.3.1 消費者洞察

消費者洞察的概念和消費者畫像類似。消費者畫像指的是將一系列真實的消費者資料虛擬成一些消費者模型，找出模型中的共通典型特徵，細化成不同的類型，再根據這些細分資料構建消費者畫像。

而消費者洞察也是類似的流程。消費者洞察中的消費者資料分為靜態訊息資料與動態訊息資料兩大類。靜態訊息資料比較容易掌握，因為其產生後就不會發生太大變化的。而動態訊息資料在搜集時較為困難，因為其是即時變化的，根據消費者在不同時期的喜好有不同的特點。

而動態訊息資料是商家所需要關注的，因為動態訊息資料可以看出消費者的好惡，是商家在未來銷售中最明確的指導方向。

動態訊息資料由於其變化較大，所以新零售業的商品供應應該基於對消費者訊息的追蹤、搜集，並且從其變化中分析目標消費者需求的改變，這樣才能根據該變化來對商家未來的發展道路進行調整，保證商品銷售的穩定性。

新零售業中的消費者洞察實際上就是將消費者標籤化的一個過程。在經過資料收集、行為建模後就可以構建出消費者洞察。而在其被建立之後，可更好地為消費者提供所需商品，提昇整體產業服務水準。

9.3.2 精細化運營

對於電商來説，成本和流量都十分有限，如何將有限資源精細化運營，保證成本轉化有價值，就要儘可能提高消費者的轉化率，確保消費者的復購率，這些的實現都離不開精細化運營。企業可遵循以下幾個步驟逐漸實現精細化運營。

例如，貝貝網每天 9 點準時上新的運營策略，就是在大數據的分析下進行的，推出的商品或是順應節令，或是母嬰必備的快消品，而且折扣力度較大，能夠發揮很好的引流效果，也受到不少消費者的喜愛。

電商具體的精細化運營方式主要包括以下幾個步驟。

1. 消費者分層

消費者分層策略是精細化運營的基礎，不同的層級企業應採取不同的運營策略，消費者分層策略本身也代表消費者的成長，同時便於運營管理。

2. 活動策劃

活動策劃主要針對不同層級的消費者設計不同活動，各層消費者的特點決定活動內容選題和時間，促進不同層級消費者的參加意願。

3. 投放渠道

選擇合適的渠道進行投放也是商品提升銷量的關鍵。相關資料顯示，在有些渠道上投放的廣告雖然瀏覽量較高，但是購買率較低，這部分消費者的年齡較低，購買力有限。因此，投放渠道也是精細化運營十分關鍵的一部分。

4. 策略積累

運營策略和消費者的匹配度需要借助大數據的分析，從技術、資料、商品三個方面進行考察，對消費者進行科學分層，真正實現精細化運營。

總之，從貝貝網的案例可以看出，對於垂直產業的挖掘和未來 5G 下大數據的支援可以為新零售業的精細化運營帶來新的突破。

9.3.3 商品與供應鏈管理

商品和供應鏈的管理也是新零售業的重要環節。在 5G 的支援下，以生鮮產品為例，大數據對於供應鏈的重構能夠真正為消費者提供「不賣隔夜菜」和「線上購買 30 分鐘送達」的優質消費體驗。

由於消費者對於生鮮商品的時效性要求較高，而傳統農產品市場分布較為分散，商品標準化程度低，很難滿足消費者需要。生鮮商品和農副商品集散、分銷環節耗損較大，冷鏈配送成本高，品種不夠齊全等都成為生鮮消費的痛點。

5G 時代的到來能夠進一步提高新零售業內的商品和供應鏈的管理效率，人工智慧技術的引入也能讓消費者體驗更加便捷和優質的服務。

9.4 5G 應用於購物

5G 將改變未來的消費模式，對於依託於網路的電商產業也有促進作用，高速的傳輸速率與豐富的頻譜資源保障了消費者的瀏覽採購需求，簡化了消費流程。

9.4.1 打通線上線下，實現高度融合

新零售的重要特點就是實現線上線下銷售的結合，有效提高商家的運營能力，商品銷量也呈現明顯提升趨勢。小米的新零售模式就是新零售業打通線上線下消費的典範。

小米手機的銷量持續增長，2019 年小米手機的全球出貨量排名第四，截至 2019 年第一季度，智慧型手機收益為 270 億元。小米手機能夠取得良好的銷量，除了商品品質過關、價格實惠，線上線下聯合銷售的新零售思維也是小米智慧型手機能夠取得較高銷量的關鍵。

在新零售時代來臨的形勢下，小米加大了對線下市場的關注，重視客流資料，認為只有使線上線下互通流量，才能啟動線上流量、增加線下流量，獲得雙贏。

如何獲取、分析線下店鋪的客流量、轉化率、進店率或商品關注度等將成為門市運營的關鍵，這些資料對於新零售而言具有極大的價值。

小米之家門市安裝了客流統計系統，可統計門市的商品關注度、客流轉化率、客單價等資料，提高了小米之家的運營效率。新零售的關鍵在於效率的提升，線上線下相結合的模式可極大地提高線上和線下銷售的效率。

由此可見，線上線下結合的運營模式是十分具有優勢的。不少線下實體商和線上電商的競爭也日趨理性。越來越多的實體商業開始結合線上經營的方式，促進銷量的增長。零售業應採用線上線下銷售相結合的方式重新定義新零售的發展。

純電商的時代即將過去，未來的二十年裡，電子商務也將被新零售取代。線下企業必然走向線上，而線下企業也將和線上企業結合，再加上 5G 時代的新型物流，貨物積壓和貨物爆倉的情況將不復存在，可以讓物流的價值充分發揮。

新零售對物流的影響也相當明顯。新零售的本質就是線上線下配送結合的物流體系，可精簡物流配送環節，使得物流配送更加高效。

隨著個性化消費的到來，貨物倉儲的時間將越來越短，庫存也逐漸向消費者方向轉移，最終將形成自由、開放的物流系統，為消費者提供更加令人滿意的服務。

總之，打通線上與線下銷售可啟動線上流量，也可使線下的銷售更具效率，同時，倉儲配送方面也更加便捷，具有十分明顯的銷售優勢。

9.4.2 簡化購物流程，「拿了就能走」

將 5G 應用於購物是新時代的銷售模式，消費者不再需要花費大量的時間進行商品的挑選，排隊結帳，每個人只需要配備相應的軟體，授權於軟體，便能享受精簡的購物流程。

例如，無人便利商店就是運用 5G 的先進技術發明的銷售方式。淘咖啡無人便利商店為消費者提供「拿了就走」的便捷消費模式。

淘咖啡無人超市有兩個閘道，一個為進口，一個為出口。消費者在進店之前需要打開專用的 App 軟體或者微信小程式，利用會員系統自動生成的二維碼進行認證，認證之後可以進入商店，隨意挑選消費者需要的各類商品。

當消費者挑選完商品之後，來到出口閘道支付款項區域，只要消費者開啟支付寶免密支付，系統就會自動認證扣費，閘機也會自動開啟，消費者便可離開商店。

重力感測器的應用不但可以幫助消費者計算消費金額，還可以幫助店鋪統計每天賣出的商品數量，並確定是否需要進行商品的補給。

由此可見，5G 應用到購物中後，可簡化消費者的購物流程，使消費者的購物方式更加智慧。

9.4.3 透過全像投影瀏覽商品

透過全像投影瀏覽商品也是 5G 在商品銷售的重要應用之一。目前全像投影技術主要用於廣告宣傳和產品發布會中的展示，3D 投影廣告為消費者帶來了全新的感官體驗。

例如：某品牌推出了一款新的鞋子，若想打動消費者，已經不能使用老套的文字 + 圖片的行銷策略了，那無法滿足現代消費者的心理需求。因此，品牌負責人需要尋求新的宣傳手段進行商品展示，而全像投影展示商品就是很好的選擇，新鞋原圖如圖 9-3 所示，新鞋全像投影影像圖如圖 9-4 所示。

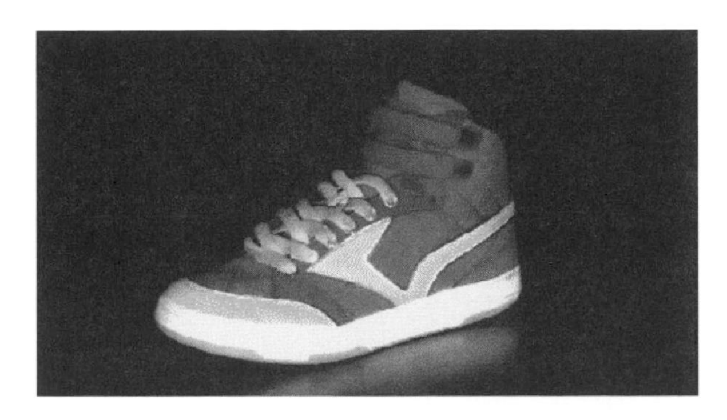

圖 9-3 新鞋原圖

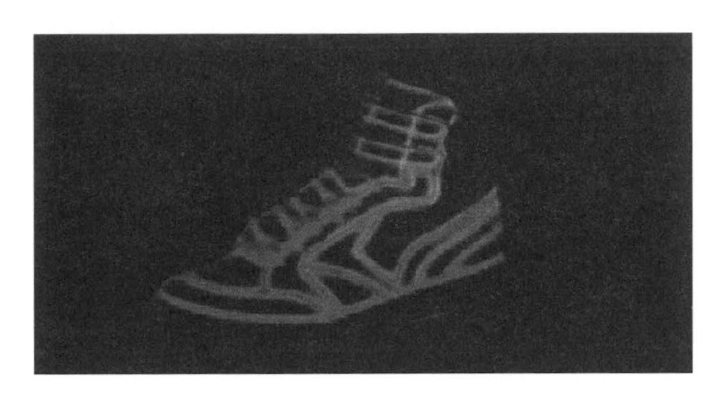

圖 9-4 新鞋全像投影影像圖

由圖 9-4 可見，全像投影生動地展現了這款鞋子的特色之處，讓其更加鮮活地出現在消費者的眼中。

在相對黑暗的環境下，利用突出顏色線條勾勒著鞋子的輪廓，使其形成相對立體的模型，不同形狀的圖案交疊在一起，展現出了對於鞋子細節的設計，耀眼的顏色更是抓住了消費者的關注點。在消費者沒有看到實物之前，甚至可以猜想它的樣子。

鞋子不僅僅是用來穿的，也是一種理念的宣傳。全像投影技術可以根據品牌的需要，為商品量身打造。從色彩形狀到表現形式都能貼合品牌的設計，突出商品的亮點，使商品得到更多消費者的喜愛，也由此能夠銷售更多商品，獲得更多利潤。

全像投影在購物中的商品展示方面具有極其突出的優勢，將店鋪想要推廣宣傳的商品放在全像投影櫥窗之中，憑空出現的立體影像，360° 高能旋轉，能吸引消費者的注意力，為消費者留下深刻的印象。

與傳統的展示台不同，全像商品展示台能夠運用生動的表達方式，贏得消費者的喜愛。

將全像投影技術應用於伸展台走秀中，可將模特兒的服飾與走秀刻畫得十分美妙，讓消費者體驗虛擬與現實相融合的夢幻感覺。而且，它不僅限於伸展台，商場與街頭的櫥窗中也可以嘗試動感的展示效果。

未來的全像投影技術的應用將打破傳統的宣傳手段，更好地向消費者展示商家的各類產品，不僅能讓消費者更加了解商品，買到心儀的商品，還有利於後期大規模銷售。

9.4.4 巨量真實資料，規避消費風險

5G 應用於新零售實現了資料訊息的共享，有效避免了消費者購買商品後發現商品與需求不一致的風險。

例如，消費者想要購買一套包括餐桌、餐椅的餐廳套裝，但整個過程或許較為煩瑣，需要消費者確定擺放位置，測量尺寸，選擇搭配，而 5G 的應用可以幫助消費者解決這一難題。

消費者只需要在 5G 網路下線上查詢該款餐廳套裝的規格，就可直接將餐桌、餐椅的 3D 投影投射到真實的家居環境中，輕鬆確定了餐桌、餐

椅的尺寸、風格和家庭空間的匹配，避免了到貨後商品和整體家居不匹配而不得不退貨的麻煩。

上述案例就充分表現了 5G 運用於購物的價值和其帶給消費者的良好體驗。5G 為手機攝影機與終端人工智慧的連接協作提供了技術支援，確定了餐桌、餐椅的顏色與尺寸，與整體餐廳環境的融合度。

在未來，物聯網功能將得到普及，消費者可以在網路上進行巨量商品的瀏覽，以及虛擬使用，節省了挑選商品的時間。商家也可以透過物聯網進行商品的動態展示，實現跨區域宣傳與銷售。

綜上所述，5G 滿足了消費者和商家各方面的需求，消費者減少了挑選商品的時間，也以更精準的購物模式提升了消費者的消費體驗。同時，5G 在購物中的應用也為商家的銷售提供了便利，不僅增加了其銷量，還避免了商家不必要的損失。

9.4.5 完善會員體系，服務更周到

消費者的黏性與商家的發展成正相關，會員體系是商家與消費者建立關聯的重要途徑。做好會員管理，提高消費者黏性，是商家運營的重要組成部分。

傳統會員管理存在轉化率低、流失率高的弊端。在消費者的收入水準與消費模式日益增多的今天，如果會員活動還停留在消費折扣、積分換購的層面，難以吸引消費者的目光。另外，會員體系過於繁雜，各品牌會員權益無法互通，也會大大降低消費者的會員體驗。

那麼新零售模式下的會員體系是怎樣的？在新零售模式下，會員制度會更加完善。

入會、積分、淘汰制度和會員等級的完善是會員體系良好執行的基礎。以會員等級而言，不同等級的會員有不同的權益，以更高的權益吸引消費者會員升級。而淘汰規則則能夠透過清理死卡消費者，最佳化會員品質。

新零售場景下的會員體系也將和傳統會員體系明顯不同，最主要的區別在於傳統會員的優惠範圍受限，僅限於某品牌之內。

例如，消費者開通了愛奇藝的會員，只能享受愛奇藝上的 VIP 影片和免廣告、超高畫質等優惠。但是新零售的會員體系和這類單一範圍內的會員體系不同，成為會員後，消費者可享受範圍更大的優惠服務。

例如，2018 年 8 月 8 日，阿里巴巴推出的「88VIP」就是典型的新零售模式的會員體系。

會員優惠涵蓋的範圍將不再只局限於淘寶，而是幾乎涵蓋了整個購物、娛樂、餐飲業，是「一體化」的會員模式。

而這些會員透過新零售模式下的會員體系，增加對阿里平台的認同感、歸屬感。會員不會再為一個個會員的開通、續費而煩惱，只要擁有「88VIP」會員卡，日常生活中經常使用的就餐、看影片、聽音樂等場景就能夠互通，省去了諸多麻煩，體驗也更加流暢。

總之，在新零售模式下的會員體系將會更加完善，其打破了各品牌之間的壁壘，實現了互通，可以給消費者帶來更加優質的消費體驗。

9.5 5G 場景下的新零售應用

新零售的概念是馬雲提出的，他認為在未來，純電商會逐漸消失，市場將迎來線上與線下結合的新零售模式。而 5G 運用於新零售領域，可開創新的行銷模式，提升人們的生活品質。

9.5.1 蘇寧：多業態滿足使用者需求

2019 年 2 月，蘇寧易購董事長張近東宣布，蘇寧收購了萬達百貨下屬 37 家百貨門市，打造線上線下相結合的全場景式百貨零售業態，這是蘇寧在零售變革中尋求轉型的一次嘗試。

蘇寧將引領萬達百貨的數位化變革，用大數據、人工智慧等技術，提升其服務體驗。

近幾年，蘇寧不斷創新，致力於打造全場景的零售生活體驗，推出了「蘇寧極物」、「蘇寧小店」、「蘇寧零售雲」等新的零售場景。截至 2018 年 12 月，在智慧零售大開發戰略的推進下，蘇寧累計新開店面約 7,000 家。對蘇寧來說，收購萬達百貨是其打造全場景零售的最新案例。

蘇寧將透過其智慧零售能力，突破傳統百貨概念，在數位化和體驗方面打造全新供應鏈，打造百貨核心競爭力，進一步完善全場景布局。

新零售的發展帶動企業的變革，使其融入新的渠道，力求為消費者提供更好的消費體驗。線上與線下的結合成為企業發展的新起點，必將成為企業未來發展的潮流。

9.5.2 京東：強大物流實現無界零售

2017 年是阿里新零售的元年，也是京東無界零售的元年。所謂無界零售，就是指用各種手段全面提高企業的運營效率。

零售的本質是：人 + 貨 + 場，在無界零售的變革中，它們反映了京東無界零售的布局。京東無界零售的布局如圖 9-5 所示。

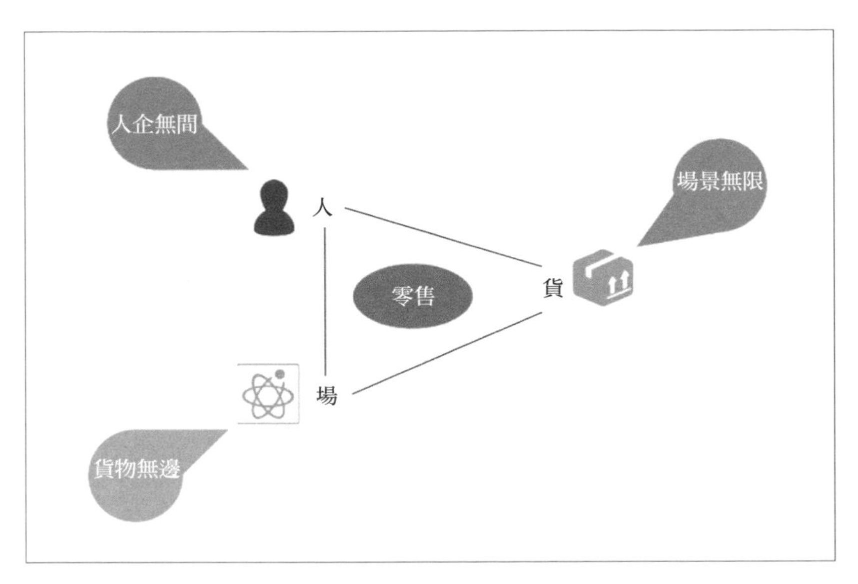

圖 9-5 京東無界零售的布局

1. 場景無限

場景無限有兩個含義，一是空間無限，零售場景無處不在；二是時間無限，零售場景無時不有。

（1）空間無限

生活場景與零售場景之間沒有界限，公司、廚房等任何地方都可以發起購物。京東的百萬便利商店計劃、叮咚音箱等都是對無限空間的探索。

（2）時間無限

以往的零售業態對時間有明確的要求。在未來，無界零售會打破購物的時間限制，消費者在任何時間都可以進行購物。京東的「京 X 計劃」正是對此方面的探索。

2. 貨物無邊

傳統的零售關注的是如何將商品賣出，而在未來的銷售中，商品、資料、服務等彼此滲透。賣出商品會增加消費者的新需求，這是無界零售的真正價值。

3. 人企無間

人企無間指消費者會參與到產品的設計、製造、銷售、售後等價值鏈中，也能使企業更有溫度，同消費者建立更好的信任關係。

既然無界零售透過打破場景、貨物、人企的界線來提高效率，那麼如何打破界線？

首先是場景連通，打破界限主要由場景連通來實現，這是實現無界零售的前提，透過定位、消息推送、人臉識別等建立不同場景之間的銜接。透過線上與線下的結合使不同場景功能互補，形成合力，將原本散落的各個場景打通。

其次是資料貫通，將各場景的資料進行總結分析，提升各場景的效率。

最後是價值互通，指將不同場景下的消費者關係和資產相結合，例如，整合會員體系，使消費者在不同場景下享受到同等的權益。

7FRESH 是京東「無界零售」的典型代表，它是超市、飯店，以及商品線下體驗店，是線下零售店的升級演化，很好地踐行了人企無間。比如，利用區塊鏈溯源保障商品品質，消費者可以查看商品的產品特色、產地等訊息。

無界零售不僅是零售業商業模式的演化，更會有高科技的融入。它是消費者消費理念的轉變和技術的發展所驅動的，將帶來零售業基礎設施的升級。

9.5.3 短片商業時代

新零售可以實現資料化運營，而新零售的資料化運營也將極大影響短片的發展。

新零售的資料銀行能夠給影片內容運營提供支援。阿里有經國際認證的專業的資料銀行，在資料銀行中，阿里的全部資料可以一起發生反應，轉化為商業價值。在金融場景或服務於商家、消費者等方面，都會產生巨大的價值。

在短片運營初期，資料可以指導短片的內容定位和商品選擇等。可以透過播放量、按讚量、退出率、使用者來源等資料分析使用者的喜好、受歡迎的影片有什麼特點等。

例如：如果使用者看到影片後 60% 單擊進入了商品頁面，說明使用者對該商品認可度很高。但如果成交轉化率很低，那可能是店鋪頁面出了問題。而如果被點擊的商品沒有產生轉化，而店鋪的其他商品轉化良好，這就說明是商品出了問題。

這時分析收集的資料可以得到一些共性特點，下一個影片可以根據這些共性特點來最佳化內容策劃、拍攝等問題。經過有針對性的改進後，短片的風格定位、拍攝方式、選品類型等都會越來越清晰。

在短片運營中期，內容發布相對穩定、資料采集也漸成規模，這時，新零售的資料銀行一方面可以幫助短片團隊分析確定未來發展的重點，另一方面可以彌補短片團隊的電商基因缺點。

如何經營粉絲社群、提升服務內容是內容運營思考的重點。從新零售角度來看，短片運營就是電商的粉絲經濟。網紅店之所以銷量多就是因其眾多粉絲的支援。

而老客戶維護的好的店鋪，新品的銷售也不是難題，新品賣得好的店鋪，很多都是因為老客戶維護得好，而維護老客戶的成本比開發新客戶更低。當影片團隊有好的商品，又注重對粉絲的維護，那麼對於發展新零售也是十分有利的。

結合新零售做好短片需要具備以下能力：粉絲或會員運營能力、供應鏈完善、品類精通、強運營能力、流量運營、把流量轉化為粉絲能力。

做好新零售時代的短片需要用明確、獨特的內容去吸引目標消費者，再透過電商實現變現。因為消費者和商品之間的匹配程度很高，在商品轉化率方面將具有十分明顯的優勢。

5G+ 新零售，開啟購物新模式

5G + 智慧醫療，實現高效便捷

5G 在醫療上的應用也會給醫療界帶來巨大改變。5G 應用到醫療中，患者可以使用電子病歷，醫療資料共享可以使患者的病情得到治療，使醫療效率更高。看病新方式的不斷出現可以使看病方式更加智慧，遠端醫療的出現使看病更加便捷。這些都可以在 5G 網路的環境下得以實現，5G 在醫療零售業的應用將重塑醫療新體驗。

本章摘要：

10.1 5G 整合資源：醫療效率更高

以 5G 為依託，可實現資料的共享，患者可以線上訪問醫療資料庫，大數據系統還可以透過智慧感知，推薦合適的治療方案。5G 支援下的大數據可以實現醫療資料、資源的整合，提升醫療效率。

10.1.1 共享醫療終端和資料

在 5G 應用到醫療中後，醫療資料必然會走向共享和開放，給患者的就醫、醫院的醫療和醫學研究等帶來便利。

在醫療訊息資料共享的背景下，醫療訊息資料共享建設必然將打破傳統的資料獨立存在的局面。醫療資料的共享、開放才是當下發展的必然趨勢。因此，健康醫療大數據將會是日益流動的趨勢，在流動中發揮資料的價值。

在資料共享的過程中，資料是否真實、可信？能否有利於醫療效率的提高？這對衛生醫療機構和主管部門是非常重要的，這也是健康醫療大數據共享的關注點與核心。在醫療訊息資料互連共享的時代，更加需要加強資料保護措施，讓資料可以更好地提高醫療效率。

如何實現歷史醫療訊息的資料共享？依託 5G 而產生的電子病歷就可以很好地解決了這一問題。目前使用的一般病歷具有封閉性，而電子病歷的最大特點就是共享性。電子病歷可以透過高速運轉的網路，使異地查閱、會診、資料庫資料共享成為可能。

在傳統的就醫模式中，患者的病歷只儲存在本醫院，若患者到其他醫院就醫就需要重新檢查，這不僅造成醫療資源的浪費，患者也浪費了時間，忍受了不必要的痛苦。而電子病歷可以很好地避免這些問題，患者在各個醫院的就醫情況可以透過電子病歷來傳輸，給醫療帶來極大方便。

電子病歷可以實現歷史醫療訊息資料的共享，這有效地簡化了患者看病的流程，提升了醫院的服務品質，患者也得到了更優質的看病體驗。

而 5G 之下的醫療資料系統打破了不同醫院、不同地區之間的壁壘，這也極大地推動了醫學的進步。在醫療資料共享的情況下，醫學研究也有了更多醫療資料的支撐，加快了醫學研究發展的步伐。

10.1.2 患者線上訪問醫療資料庫

5G 和大數據的結合推動了雲端計算的發展，醫療訊息系統的不斷完善，大數據中心的建立使得患者可以線上訪問醫療資料庫。

透過對患者的應用程式處理方式的不斷改變，患者的資料透過集中儲存，才可以將醫院裡儲存的資料轉變為資料中心，醫生也會同時轉型，醫生將會成為醫療資料專家。這樣，患者就可以線上訪問醫療資料庫，從中尋求經驗，以便更好地配合醫生的治療。

5G 提供的優質的網路是醫療資料庫建立並得以成功執行的基礎，5G 網路的高速率、大寬頻、低時延保證了醫療資料庫內資料可以高速傳輸，並且資料庫的建立保證了資料傳輸的安全性。

醫療資料庫的建立為患者提供了諸多方便。一方面，患者可以透過線上訪問醫療資料庫中電子病歷的訊息，了解就醫治療的流程；另一方面，患者可以根據醫囑和其他患者分享的經驗來增加自身對病情的認知，有效地規避部分患者思想上存在的誤區，其中的眾多經驗也為患者以後的治療提供了幫助。

醫療資料庫的建立同時為患者提供了電子病歷的共享平台，患者透過訪問醫療資料庫，可獲得關於病情與治療的準確訊息，可以使患者更好地配合醫生治療，提高了醫療效率。

10.1.3 智慧感知，推薦適合的治療方案

5G 在醫療領域的應用將會推動智慧醫療裝置的發展，並實現訊息的即時接收，對患者的就醫提供了更加便利的就醫方式。

遠端醫療感測器就是智慧醫療裝置的代表，患者在家中佩戴感測器，就可以將資料傳遞給醫生，透過接收到的這些資料，醫生將會分析患者的病情，並制定出相應的治療方案。這種治療方式簡化了患者的就醫流程，使患者和醫生之間的交流更加簡單、有效。

除了即時、有效地傳遞訊息，5G 與人工智慧的結合也使得人工智慧輔助診斷成為可能。

人工智慧系統擁有強大的認知功能，透過大量醫學文獻的閱讀，可以幫助醫生分析資料，找出合理的治療方案。人工智慧輔助診斷具有高效率、高精準性。目前，許多網際網路巨頭也紛紛開展了人工智慧的輔助診斷研發。

Google 就是一個典型的案例。2017 年 5 月中旬，Google 成功地將自主研發的機器學習技術應用到了醫療。借助這項技術，Google 團隊能夠從數以萬計的患者身上獲取相關的資料。同時，Google 設定有名為「人工智慧 -first」的資料中心，資料中心有著強大的資料處理能力。

在資料中心，Google 可以高效處理巨量的病患資料。透過精確的智慧分析，可以輔助醫生發現病因。目前，借助深度學習演算法，Google 團隊在糖尿病性視網膜病變的診斷上能夠具有超過 90% 的精確性。

在人工智慧輔助診斷方面，最典型的小企業就是 Buoy Health。Buoy Health 有一項很成功的應用，既幫助了醫生，為醫生提供了更多的輔助資料，又幫助了患者，讓患者能夠以最快的速度了解自己的症狀，並以最適宜的方式解決自己的問題。

Buoy Health 推出了醫學引擎，借助搜尋引擎，醫生能夠在 Buoy 的資料庫中查到大量的臨床文獻和病情，還可以參考眾多患者的樣本資料。

對於患者來講，借助 Buoy 資料庫的篩選機制，他們能夠在細分病症資料中，迅速找到自己的病症。之後，患者可以在資料庫中找到治療病症的有效方法，或者從資料庫中了解到與此疾病相關的併發症問題，以及其他相關問題。這樣既能夠幫助患者解決問題，還能夠提高患者的醫學知識，對患者的身心健康是極其有利的。

在未來的智慧醫療中，智慧輔助醫療將會大力發展。研究機構應該與醫院更加緊密地聯合，以研發出更加智慧的人工智慧系統，更有效地輔助醫生進行診斷，提供患者更好的服務。

10.2 看病「新」方式

5G 在醫療上的應用，讓患者擁有了看病的新方式，患者足不出戶就可以接受更優質的醫療服務，看病新方式的出現讓患者的就醫更加便利。

10.2.1 精準預約，「一站搞定」

5G 在醫療領域的應用可徹底打破「馬拉松」式看病，5G 時代將在就醫方面給患者帶來哪些新奇的體驗？

2019 年 3 月 16 日，身處海南的專家利用 5G 網路即時傳輸的高畫質影片，進行遠端手術，成功地為身處北京的一位患者完成了手術。5G 時代的到來使得遠端手術成為現實。

5G 應用在醫療之後，醫生不僅可以線上遠端進行手術，還可以建設一條快速的急救通道。心腦血管疾病的發病率最高，發病的幾秒時間可能還會關係到患者生命的安危。醫護人員在接收患者後，將患者的發病情況、身體的實際情況準確上傳，醫生根據這些情況制定適合患者的急救治療方法，準備好搶救的醫療裝置。

在未來，「馬拉松」式看病將不復存在，患者的預約時間將被大大縮短，問診、檢查、治療、開藥、交費等將「一站搞定」。在遵循醫療規範要求的前提下，一些慢性病可以透過 5G 搭建的平台進行遠端治療，足不出戶便可進行下一步的治療或者續藥等。醫生開的藥可以送貨上門，也可以自己去取，這就真正方便了看病就醫，實現了「一站搞定」。

5G 在醫療領域的應用中，將展現出其與大數據等結合的優勢，智慧醫療也會成為現實，到那時，「一站搞定」的快捷看病新方式會惠及更多的地區，惠及更多的患者。

10.2.2 遠端醫療，提供虛擬護理服務

護理師的作用不亞於醫生，在患者住院後期，更離不開護理師的精心照護。隨著人口老齡化問題的日益嚴重，越來越多的老年患者出現在病房中。老年患者在大手術後，必須進行更加細心的照料，這就需要更多優秀的護理師。

如今，護理師短缺的問題影響了醫院裡患者的照護。除了護理師人手不足，特別是急診護理師嚴重不足，需要補充之外，一些專業型的護理師也面臨著嚴重不足的狀況，例如，現在普遍缺乏專業的眼科、耳鼻喉科及整形科護理師。在這樣的情況下，就需要提供虛擬的護理服務。

5G 在醫療上的應用就能夠有效解決這一問題。在 5G 支援下的虛擬護理，借助大數據，以及雲端計算技術，能夠高效地收集患者的各類生活習慣訊息。例如，患者的飲食狀況、鍛鍊狀況，以及服藥習慣等。收集到各類訊息後，虛擬護理能夠迅速分析、評估患者的整體健康狀況，之後，會用智慧化的手段協助患者有效進行一系列康復活動。

目前，虛擬護理的三個典型案例如圖 10-1 所示。

圖 10-1 虛擬護理的三個典型案例

1. 虛擬護理平台

虛擬護理平台整合了多項技術，緊跟時代，為更多的患者服務。例如，醫療感測技術、遠端醫療技術、智慧語音識別技術，以及 AR 醫療技術等。這些高科技都能為患者提供更好的醫療服務。

最有趣的是，Sense.ly 企業推出了一款名為 Molly 的虛擬護理師。Molly 虛擬護理師類似於 iPhone 的 Siri。透過與患者的對話，有效地採集患者的各種健康訊息。訊息採集完畢後，Molly 會在第一時間將這些訊息傳達給 IBM 企業。

IBM Watson 系統借助深度學習技術，能夠有效地解讀這些訊息。訊息解讀後，Molly 會把相對的治療方案第一時間告訴患者，提高患者的就醫效率。

Molly 智慧系統可以安裝在智慧型手機、智慧平板和 PC 端，這樣患者就能夠在第一時間與 Molly 展開深度交流。如果 IBM Watson 系統認為 Molly 提供的訊息不夠充分，虛擬護理平台則會智慧安排醫生，讓專業的醫生與患者透過遠端影片的方式進行交流。這樣患者也能夠在第一時間得到最佳的診療方案。

借助感測器功能，只需連接患者的四肢，就能夠智慧獲取患者更完備的健康資料，為患者提供更個性化的健康護理方案。

虛擬護理的投入使用可以在一定程度上紓解醫院護理師缺少的問題，也為線上患者提供了更多的服務，解決了更多的問題。

2. 虛擬培訓系統

虛擬培訓系統是虛擬護理的另一個典型應用。虛擬培訓系統的核心技術是 VR 技術，目的在於借助 VR 技術降低護理師護理培訓的成本。

護理師是專業的護理人員，不僅需要有優秀的品質，還需要有專業的處理問題的能力和超高的工作效率。優秀的護理師需要醫院付出高昂的培訓成本。為了進一步降低護理師的培訓成本，提高護理師的工作效率，就必須借助 VR 技術，打造虛擬培訓系統。透過虛擬培訓系統可以準確地對醫護人員進行針對性的訓練，有利於提升醫護人員的醫護水準。

3. 虛擬助理

虛擬助理是虛擬護理師的第三個典型應用。Next IT 企業開發了一款名為 AlmeHealthCoach 的虛擬助理。它透過搜集患者行動資料，能夠綜合評估他們的病情，提供更為個性化的健康管理方案。這樣病患足不出戶就能夠了解到更多解決病情的措施。

總而言之，虛擬護理服務的產生是 5G 與眾多科技相互結合的結果，它不僅紓解了當代醫療中護理師短缺的問題，還透過智慧化的操作為患者帶來更好的體驗，使患者足不出戶就可以體驗到專業、周到的護理。

10.2.3 5G 服務型中醫機器人

服務型中醫機器人是近年來發展起來的新方向，一些醫院的機器人成為患者的嚮導，並提供智慧導診服務。隨著智慧醫療不斷發展，智慧中醫機器人也隨之產生。

中醫機器人的誕生離不開 IBM Watson 強大的輔助診斷能力，離不開背後強大的軟體系統和硬體系統的支援。一方面，IBM Watson 的硬體系統功能強大，IBM Power750 伺服器有著超強的計算力，能夠使 IBM Watson 達到每秒處理 500GB 醫療資料的能力。

同時，IBM Watson 利用 Apache Hadoop 框架和 Apache UIMA 框架進行分散式計算，有效提升了自身的資料理解力。此外，借助 IBM Deep QA 軟體和智慧作業系統，它的深度學習能力會更強。借助以上硬軟體系統的支援，IBM Watson 系統就具備了「理解 + 推理 + 學習」這三項智慧。這樣，它就能夠又好、又快地輔助醫生進行各項醫療診斷。

而 IBM Watson 系統的引入推動了中醫機器人的研發。中醫機器人是一款服務型的醫療機器人，它能夠幫助患者進行診療。

中醫機器人結合了中西醫的精華，能夠在總結了上千年的中醫理論和大量的臨床經驗的前提下，利用感測器、人工智慧、大數據等技術研發了醫學檢測資料和醫療影像的識別技術，使得該機器人可以建立中西醫資料庫，通過「望、聞、問、切」的方法，來給患者診斷病情和開出藥物，以及開出調理方法。

中醫機器人可以透過「望、聞、問、切」的方法，給患者把脈，可以得出看病結果和治療方法。中醫機器人在進行診療時，需要患者手面朝上，將手腕按壓在機器人手上，電腦系統將會透過識別把患者的經絡線路圖呈現在一個大螢幕上面，在很短的時間內就可以完成診斷過程。診斷完成後，機器人會針對患者的疾病開出正確的藥方，讓患者可以在治療一下早日康復。

機器人在醫療方面的布局和發展，將會進一步拓寬機器人在醫療上的應用，為患者提供更多、更好的醫療解決方案，讓人們的生活更加健康。

10.3 5G 助力智慧醫療

在 5G 的助力下，智慧醫療不斷發展，將給未來的醫療發展帶來無限可能，遠端醫療、醫療器械同步、全電子化流程都可能實現。

10.3.1 5G 遠端醫療

遠端醫療涵蓋了多個遠端的服務內容，5G 下的遠端醫療具有速度快、低時延的特點，可以讓醫生在進行遠端時更加順暢地聯繫，更加準確地進行確診和治療。

遠端醫療的出現打破了時間和空間的限制，患者身處異地，只要有終端裝置，以及患者的身體特徵的資料，醫生就可以根據患者的資料討論患者的病情，並進行合理化的診斷，並且在診斷也不會有時間的限制。

對於那些需要急救的患者，遠端醫療可以讓救治更加及時，傳遞的訊息更加準確。

以前進行遠端急救的時候，醫生看到的畫面很有可能是在前一秒就已經發生的事情，等到收到訊息在傳回去，很可能會耽誤患者的救治。而在 5G 網路的支援下，既可以使傳輸的畫面更加高畫質，又可以進行即時的交流，保證遠端急救的及時精準。

遠端醫療可以幫助患者接受醫療後進行康復的治療。尤其是對於那些治療後不方便出行的患者，在後期的康復治療中，進行遠端健康的監控，有助於患者以後的身體保持健康。

遠端醫療在一定程度上可以及時地解決患者的醫療治療問題，滿足了醫療的時效性和高效性特點，基於即時的語音、圖像和影片等技術，可以讓醫生的診斷更加準確，更加及時。

10.3.2 5G 醫療器械同步

在醫療工作流程中，醫生需要借助醫療器械來對患者的病情進行診斷，如 X 光機、各類檢測儀器、診斷儀器等。很多醫療器械都是獨立執行的，無法實現同步。

5G 應用於醫療之後，醫療器械也會向著智慧化方向發展，實現醫療器械之間的同步，推動醫療的訊息化發展。

5G 同步醫療器械現在已有成功應用的案例。2019 年 6 月 17 日，四川宜賓市發生 6.0 級地震，隨後，四川省人民醫院啟用 5G 應急救援系統，迅速對傷員進行救治。

在此次救援行動中，各醫療器械的同步發揮了重要的作用。工作人員利用 5G 急救車，順利開展了 5G 支援下的即時影片會診，保證了救援的效率。這是全球首個將 5G 應用到災難醫學救援中的案例。

5G 應急救援系統透過 5G 與醫療器械的結合，更高效地打通了訊息間的壁壘，在 5G 急救車上搭配人工智慧、AR、VR 等技術，實現了各醫療器械之間的同步。

在此次救援行動中，透過各醫療器械之間的同步，救護人員能夠迅速完成驗血、心電圖等一系列檢查，並利用 5G 網路將醫學影像、傷員傷情記錄等訊息即時傳送到醫院，實現救援前線和醫院的無縫同步，快速制定救治方案，提前進行救治準備，極大地縮短了救治響應時間，為傷員爭取更大生機。

未來，5G 在醫療器械的研發中將有更多的應用，可以同步的醫療器械將會被研發出來，並將惠及更多的地區。

10.3.3 5G 全電子化流程

在醫療的就診過程中，5G 的應用可實現就診環節的全電子化流程，縮短患者就診時間，提高患者就診效率。門診服務號可實現線上預約掛號、支付、報告查詢等就診全流程服務，主要包括以下幾個方面。

1. 電子就診卡

電子就診卡是虛擬就診卡，可為患者提供線上掛號、繳費、報告查詢等服務，貫穿整個就醫流程，具有辦理零成本、永不遺失、便於攜帶等特點。患者可享受電子流程化的便利，改善就醫體驗。

電子就診卡能夠降低醫院實體卡使用成本，避免重複辦卡導致的資料重複。電子就診卡可線上支付，減少了機具的重複鋪設。透過辦卡審核身份還可遏制黃牛，避免號源浪費，有利於維護醫療秩序。

2. 線上支付、線下取藥

把患者就醫繳費方式引導到線上來，解決了傳統視窗收費找零的問題，提高了醫院的效率。患者線上繳費後，在藥房出示二維碼，掃碼即可取藥。

3. 自助預約

醫生開單後，對於檢查項目，患者不必再去視窗排隊，可透過微信公眾號預約檢查，可在微信公眾號中選擇檢查項目和時間，透過便捷的手段避免了第二次排隊。

4. 門診諮詢

利用微信公眾號，患者也可實現線上門診諮詢。對於患者諮詢的問題，門診專業醫務人員會透過語音或文字回復，並用微信通知患者。

華山醫院的全電子流程化就醫已有初步的發展，未來在 5G 的普及之下，電子就診卡將得到全面推廣，並且電子就診卡的覆蓋範圍也將被擴寬，惠及更多地區。

⑩ 5G+ 智慧醫療，實現高效便捷

5G 助力車聯網與智慧駕駛

隨著 5G 商用部署的發展，5G 的應用範圍也越來越廣闊。在汽車業，5G 將助力車聯網和智慧駕駛，引領汽車業的變革。

本章摘要：

11.1 5G 變革汽車業

5G 會在智慧城市、智慧生活的各個方面給人們的生活帶來巨大影響，而對於汽車業來説，5G 的應用也會加速汽車業的變革。

5G 將變革汽車業，為汽車業的發展帶來機遇。5G 在汽車業的應用將使得汽車個性化製造得以實現，助力車載娛樂的發展，甚至汽車會變成使用者的「智慧管家」。

11.1.1 個性化製造得以實現

目前，客戶在購買汽車的時候難免會有遺憾的地方，例如，對汽車總體很滿意，但是汽車的配置、車型、顏色等卻不能盡如人意。而 5G 對汽車業的變革之一就是使得汽車的個性化製造得以實現，滿足消費者的個性化需求。在未來的汽車工廠裡，在 5G 的助力下，可以實現汽車的個性化訂製。

PSA 集團對於汽車的個性化製造十分關注，將打造智慧製造工廠來實現汽車的個性化製造，客戶從下單到提車可一鍵直達。PSA 集團積極探索未來汽車的生產製造方式，在其概念中，清晰地描繪了客戶個性化需求 - 工廠生產 - 交付的全過程。

1. 客戶制定個性化需求

客戶可以在線上提交個性化需求訂單，包括汽車的顏色、配置等需求。

2. 客戶接受工廠的需求回饋

客戶提交訂單後，PSA 工廠管理中心會收到訂單訊息，然後透過分析汽車的生產安排確定交車的期限，並及時將訊息通知客戶。

3. 工廠進行生產

在客戶提交訂單的同時，其所需的零件訊息會同時發送給供應商，確保零件的採購，待零件送達工廠後，汽車的製造也會立刻開始。

工廠內遍布自動化裝置，汽車製造過程中，工作人員只需要操作指揮，不需要親自製造。在無紙化操作流程中，所有資料都被儲存，並即時交換，即使微小的改動也會被即時回饋給機器，以及供應商，確保製造流程的效率和準確性。

在未來智慧製造工廠的噴漆房裡，客戶甚至能夠給自己訂製的汽車噴上任何想要的顏色。

在汽車製造過程中，組裝工具箱由智慧機器人拖駛，按線路行進，負責挑揀的智慧機器人會依據訂單需求揀貨入箱。接下來組裝工具箱進入主生產線，主生產線控制汽車製造所需要的部件和操作，同時機械臂也在此過程中配合完成汽車的製造。

在汽車完成製造後，工廠還會對汽車進行嚴格的檢驗，檢驗通過後，就會及時通知客戶前來提車。

4. 客戶提車

在客戶收到提車的通知後，只需到指定地點驗車和提車，至此汽車的個性化製造訂單就已全部完成。

PSA 集團對汽車的個性化製造提出了構想，而隨著未來 5G 在汽車業的深入應用和普及，汽車的個性化製造也終會實現。

11.1.2 車載娛樂更發達

5G 變革汽車業不僅展現在汽車的製造上，還使得車載娛樂更加發達，給使用者帶來更好的出行體驗，車載娛樂發達的表現如圖 11-1 所示。

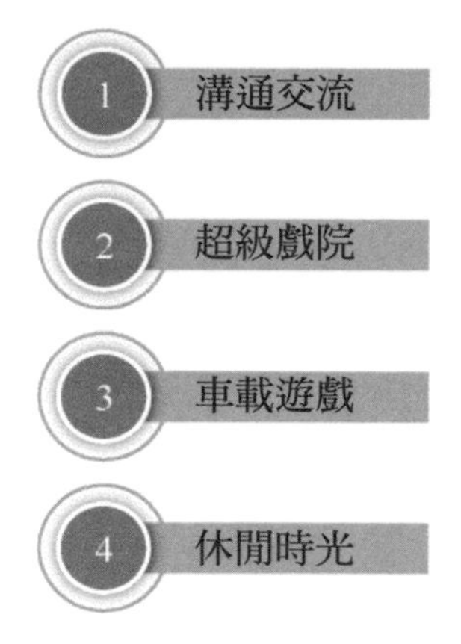

圖 11-1 車載娛樂發達的表現

1. 溝通交流

溝通交流指的就是使用者與汽車之間的交流，這是車載娛樂的第一步發展。比如，利用車載語音、手勢、全像、車載機器人等與汽車進行交流。雖然，在目前的汽車上，一些功能已有所應用，但還不能實現長時間、無縫隙對話。

而在 5G 的助力下，人與車的交流將更加靈活、順暢，同時人與人的交流也會更加方便。人與人的影片影像可以投遞到車內的車窗、智慧表面等位置，讓通話更為方便。

2. 超級戲院

當超級戲院出現在汽車中將會是怎樣的體驗？在長途旅行中，使用者可選擇自己想看的電影，使自己的旅途更加舒適，提升了使用者體驗。

汽車中的超級戲院的配置是十分完善的，強大的車載系統可以將車窗變成螢幕，讓車內變成一個舒適的觀影空間。

3. 車載遊戲

除了超級影院，車載遊戲也將快速發展，利用 5G 支援下的 VR 或 AR 應用，都可實現虛擬與現實的互動、融合，實現多人社交遊戲，為使用者旅途增添無限樂趣。

在遊戲方面，還包括學習、互動類遊戲。在遊戲過程中，使用者可以結合空調的風速、氛圍燈的設計等來營造遊戲的氣氛，帶來更真實的遊戲體驗。這些遊戲都可根據使用者的需求進行個性化訂製，以滿足使用者對遊戲的不同需求。

4. 休閒時光

未來的汽車中可以為使用者提供更為舒適的環境，可以小憩、利用 AI 智慧助手購物、下棋、健身等，豐富了使用者在車內的休閒時光。

未來，自動駕駛的實現將使用戶解放雙手，車載娛樂將成為豐富使用者旅途的有效方法。而車載娛樂的發展，也順應了未來汽車空間設計，滿足了使用者的個性化需求。

11.1.3 汽車變身「智慧管家」

5G 與 AI 在汽車業的應用，將推動汽車的智慧化發展，在未來，汽車將變成「智慧管家」。

2018 年 7 月，百度與現代汽車達成了車聯網方面的合作，雙方將合作打造搭載小度（百度智慧機器人）車載 OS 的車型，推進人工智慧在汽車業的應用，透過技術創新，加速汽車發展的智慧化行程。

百度的自動駕駛平台 Apollo 擁有領先的智慧駕駛技術，能夠提供全方位的系統支援，Apollo 車聯網與現代汽車的合作將加速人工智慧在汽車中的應用，雙方的合作主要在以下幾個方面。

1. 打造搭載小度車載 OS 的汽車

Apollo 小度車載 OS 是百度 2018 年推出的人工智慧車聯網系統，開放、多模，極具優勢。小度車載 OS 包含液晶儀表盤、流媒體後視鏡、大屏智慧車機、小度車載機器人等四個方面的元件。其中，小度車載機器人是具有語音和圖像互動系統和智慧情感引擎的互動情感化機器人。它具有豐富的表情，並且能夠識別使用者的語音、手勢、表情等。

2. 打造車、家互聯的智慧化車載體驗

Apollo 車、家互聯功能可以打通汽車、家庭兩個場景，使用者在家中發出語音指令就可以對車輛進行遠端控制，如檢查油耗、封閉車門等，還能查詢車輛的出行訊息、出行路況等。

3. 共同開發車聯網核心技術

雙方還將共同開發語音、地圖、個性化推薦等車聯網核心技術。百度的語音識別技術可以動態識別使用者，並實現主動化表達。基於百度巨量服務生態，Apollo 車聯網能夠極大滿足使用者的服務需求，提升使用者的出行體驗。

百度與現代汽車的合作展現了未來汽車發展的趨勢，5G 與 AI 技術在汽車業的應用，將加速汽車的智慧化發展行程。未來，汽車變身「智慧管家」將不再是夢。

11.2 5G 車聯網面臨的挑戰

5G 在汽車業的應用將推動車聯網的發展，技術創新日益發展，新型應用日趨成熟，規模也不斷擴大。但是，車聯網的發展仍面臨著嚴峻的挑戰，主要表現在干擾管理和隱私保護方面。

11.2.1 干擾管理

隨著無線通訊技術在交通中的應用，產生了無線通訊技術和汽車相結合的發展方向，在 5G 的助力之下，無線通訊、設施、車輛能夠組成一個高效、安全的智慧交通系統。

智慧交通系統的中心通信網路是 V2X（Vehicle to X），是車與外界的訊息交換。V2X 承擔著車聯網中端到端通信的責任，十分重要。目前，一些歐美國家已經為車聯網分配了專用或共享頻段，而阻礙車聯網發展的主要因素之一就是頻段間不同訊號的干擾。

由於頻譜資源稀缺，車聯網系統和另外的無線通訊系統會共用相同頻段，並且由於通信裝置收發機的缺陷，容易出現系統間的相互干擾，影響系統效能。

無線通訊系統的傳輸介質是空氣中的電磁波，在傳輸中會對其他系統產生干擾。因此，當一個地區部署無線通訊系統時，需要研究該系統是否會對已經存在的系統產生干擾。

車聯網系統的建設要考慮到和其他系統的干擾問題。其干擾問題主要表現為兩類，分別是同頻干擾和鄰頻干擾。

1. 同頻干擾

當兩個系統共用同一頻段時，其中一個系統的接收機會接收這一頻段的全部訊息，無法區分訊息對本系統是否有用，這會導致另一系統的通信品質下降。

2. 鄰頻干擾

如果兩個系統使用的頻段是相鄰的，理論上不會產生干擾，但由於技術上的缺陷，發射機和接收機不能達到預期的要求，仍會產生訊號洩露，這些訊號就會成為干擾訊號，影響系統的正常執行。

鄰頻干擾會導致接收機的信噪比降低、靈敏度弱化，當干擾較強時，接收機接收的訊號的效能也將被大幅削弱。

總之，車聯網發展面臨的主要挑戰之一就是同頻或鄰頻間訊號的干擾問題，訊號干擾將極大地影響車聯網系統中的訊號品質，而對於訊號干擾問題的管理就是車聯網發展過程中必須要解決的問題之一。

11.2.2 安全通信和隱私保護

目前，5G 在汽車中的應用已成趨勢，包括網際網路接入、儲存、傳輸等各類應用。這一變革，對於使用者而言是一把雙刃劍。 一方面，車聯網為使用者的出行提供了便利，但另一方面，智慧車輛也面臨很多的安全隱私風險。

隨著智慧汽車的發展，安全隱私威脅的嚴重程度日益上升，車聯網中的安全隱私問題主要表現為以下幾個方面。

1. 洩露無線訊息

車載裝置的藍牙功能、Wi-Fi 接入點、輪胎壓力感測器等配件組成了獨特的訊號，這些訊息的洩露可能會導致汽車被跟蹤或被攻擊，並且這些訊息與手機的無線訊號相連，那麼車裡使用者的訊息也會被洩露。

2. 車載資料記錄系統

汽車有車載資料記錄系統，它可以記錄事故發生前十幾秒的資料，記錄的封包括加速、剎車、座椅位置、安全帶是否打開等訊息。這些訊息有利於相關人員清晰地了解事故發生的始末，但是系統存在被攻破的風險，而導致使用者的訊息洩露。

3. 訊息娛樂與導航系統

車輛的娛樂訊息和導航系統中存在兩個資料採集系統，記錄了使用者的出行軌跡、電話連接、聯絡人列表、使用歷史等。這些訊息也極易被洩露和攻擊，使用者也可能因為這些資料的洩露而被跟蹤。

4. 汽車遠端訊息處理系統

汽車遠端訊息處理系統能夠連接到汽車製造商或其他救援機構，通常在事故發生或鑰匙鎖在車內時，可以提供呼叫幫助。該系統記錄這些訊息並將其傳輸到雲端儲存，而使用者無法關閉這方面的資料採集。

5. 車對車（V2V）和車對設施（V2I）通信

V2V 和 V2I 通信支援駕駛輔助系統無線通訊的具體應用場景，如防碰撞提醒、自動停車等，在其通信過程中也可能被攻擊，導致訊息洩露。

最後，如果汽車上裝有衛星定位裝置，也是非常有風險的。衛星定位裝置能夠監視汽車的效能，並定位汽車的位置。這類裝置缺乏安全措施，很容易受到攻擊。

車載裝置的持續發展和聯網性雖然帶來了諸多好處，但安全隱私問題需要被重視。只有解決了車聯網的安全通信和隱私保護方面的問題，車聯網才會更完善、更快速發展。

11.3 智慧駕駛需要 5G

智慧駕駛是未來汽車業發展的趨勢，而 5G 為發展智慧駕駛提供了必要的技術支援，智慧駕駛需要 5G。5G 可實現智慧駕駛中即時高畫質影片的傳輸，5G 切片技術為智慧駕駛提供 QoS 保障，5G 同樣也會助力於分散式邊緣計算的部署。

11.3.1 5G 即時資料傳輸

在智慧駕駛中，即時資料傳輸十分重要，它是保障智慧駕駛安全性的必要條件。

在智慧駕駛中，感測器是實現自動駕駛的重要裝置。它主要有三種類型：攝影機、雷達、雷射雷達。

1. 攝影機

攝影機有前視、後視及 360° 攝影系統三種。後視、360° 攝影機提供外部環境呈現，前視攝影機用於識別道路情況、交通標誌等。

2. 雷達

雷達感測器的功能是無線探測與測距，用於盲點檢測、自動泊車、緊急煞車、自動距離控制等方面。

3. 雷射雷達

雷射雷達除雷射發射器外，還擁有高靈敏度的接收器，其用於測量靜止和移動物的距離，並提供其檢測物體的立體圖像。

總之，智慧駕駛的資料來源主要包括以上三種，而後就是這三種資料的資料融合。

資料融合就是將感測器的全部資料進行合成，實現不同訊息的互補性、合作性，以做出更準確、安全的決策。如攝影機可分辨顏色，但易受天氣環境、光線等外部因素的影響，而雷達在測距方面存在優勢，兩者互補可得出更精確的判斷。

交通事故的危害是十分嚴重的，因此，智慧駕駛對技術安全的要求十分苛刻，需要達到接近 100% 的安全性。

而 5G 網路低時延、大寬頻、高速率的特點實現了資料的即時傳輸，即時傳輸的資料大大提高了資料融合系統接收及回饋資料的效率，保證了決策的準確性和安全性。

11.3.2 5G 切片技術提供 QoS 保障

QoS（服務品質）指的是利用各種技術，為指定網路通信提供更優質的服務，是一種安全機制，可以解決網路延遲等問題。

網路切片就是切割成的虛擬的端到端的網路切片，切片都可獲得獨立的資源，並且各切片間能夠相互絕緣。因此，當某一個切片產生故障時，不會影響其他切片的運作。5G 切片網路是把 5G 網路切成虛擬切片的網路，以達到支援更多業務的目的。

網路切片能夠讓網路運營商自由選擇切片的特性，如低延遲、高吞吐、頻譜效率、流量容量等，更有針對性的網路切片可以提高服務的效率，提升客戶體驗。

並且，運營商可放心地進行切片的更改和增加，無須考慮其影響，節省了時間，降低了成本，網路切片大大提高了效益。

例如，自動駕駛的核心技術 V2X 通信，對低延遲要求很高，對吞吐量就沒有太大要求，汽車行駛時所播放的影片等需要高吞吐量，並且易受延遲影響，兩者都能夠透過網路切片上的公共物理網路傳送來最佳化網路的使用。

網路切片可提供穩定的低時延、高速率網路服務，這對安全性要求極高的自動駕駛來說十分關鍵。比如，當汽車行駛在網路擁堵地區，網路切片依舊可以保證汽車通信的高速率、低時延性能。

11.3.3 使能分散式的邊緣計算部署

雖然自動駕駛汽車仍處於開發階段，但 Google、Uber 等產業巨頭正致力於自動駕駛汽車的研發。業界也希望自動駕駛汽車可以避免車禍所造成的人員傷亡和財產損失。

然而，自動駕駛汽車在執行過程中產生了大量的資料，大部分資料都需要和附近的汽車共享。邊緣計算裝置為訊息處理和其他車輛的訊息傳輸方面具有十分明顯的優勢。它可以讓駕駛人員立即收到其他駕駛人員的警告訊息。

5G 網路可以達到 20Gb/s 速率，時延低至 1 毫秒，網路的高性能將從汽車的訊息共享、車隊編隊自動化、遠端駕駛三方面助力智慧駕駛的發展。透過伺服器計算、核心雲、邊緣雲給智慧駕駛汽車提供即時路況、行人訊息等交通訊息，讓智慧駕駛邁進了新的發展時代。

邊緣處理是十分有必要的，因為感知資料的分析速度受汽車運動的影響，需要及時回饋汽車周圍的環境狀況。調查表明，一輛自動駕駛汽車行駛 8 小時會產生至少 40TB 的資料，而這些資料必須被及時回饋和處理。

假如在資料傳輸過程中有強大的網路支援，透過網路傳輸資料大約需要 150 ～ 200 毫秒。這是一個很長的時間，因為汽車正在運轉之中，對汽車的控制必須迅速做出決定。

因此，邊緣計算對於自動駕駛來説是十分重要的。但這需要有強大的計算處理能力及儲存器容量來確保車輛和 AI 能夠完成它們的任務。

如果將處理器和記憶體放在汽車上，將增加汽車的成本，且在汽車上增加處理器等會改變汽車的構造，同時會使汽車部件更容易發生故障、耗費更多電力、增加汽車的重量等。汽車的處理能力有限，掌握的訊息也不全面，無法提供正確指令。基於以上種種原因，需要在道路兩邊部署基地台，掌握路段情況，並且即時保持和汽車的通信。

在車輛駛離一個基地台的覆蓋範圍後，進入另一個基地台的覆蓋範圍時需要進行基地台切換，並接收新基地台的操作指令。而基地台之間的資料同步，即邊緣雲的雲邊協同，能夠匯總汽車在行駛中的所有資料，並傳輸到中心雲上做行駛行為的智慧分析，以此來最佳化自動駕駛行為。

智慧家居與建築

5G 的發展為萬物互聯提供了技術支援。在未來，5G 將結合大數據和人工智慧等技術推動智慧家居的發展，給使用者帶來更加美好的使用體驗。

本章摘要：

12.1 5G 對智慧家居的四個影響

5G 對智慧家居的影響表現在很多方面，5G 在智慧家居領域的應用可整合智慧裝置，促進產業發展，廣泛增加 VoLTE 的受眾範圍，可傳輸速率的提升帶給使用者極致的享受體驗，為智慧技術的發展提供技術支援。

12.1.1 整合智慧裝置，促進產業發展

5G 不斷發展，智慧門鎖、智慧音箱、家用攝影機等智慧家居產品紛紛出現，智慧家居產品不斷創新，5G 的發展帶動智慧家居市場不斷擴大，產業間的合作日益密切，智慧裝置成為家居產業發展的新亮點。

5G 將整合智慧裝置，加速整個智慧製造產業的發展，這主要表現在兩個方面。

1. 5G 將統一智慧家居配置標準

目前智慧家居產品已有初步的發展，Google、小米及其他一些科技公司都已在智慧家居方面有所嘗試，但從智慧家居的整個產業發展趨勢來看，卻難以形成統一的發展規模，其中最大的阻力就是智慧家居的網路標準不一致。

相對簡單的智慧家居可能涉及多個網路標準，不同品牌的智慧家居有不同的網路要求，甚至會修改原有的 Wi-Fi，或者自建 Wi-Fi。如果使用者家裡存在多種品牌的智慧家居，那將極大地影響使用者的使用體驗。

而 5G 的使用可能會統一智慧家居的網路標準，打破各品牌間的網路標準的壁壘，將不同的裝置組合在一起，這樣一來，智慧家居的安裝將變得更加可靠，擴大了智慧家居的使用場景，將有力地推動智慧家居應用的發展。

2. 5G 將提高智慧家居裝置性能

除了解決一些連接方面的麻煩外，5G 還可以提高智慧家居裝置的效能，這主要表現在 5G 低時延的特點上。

5G 可以有 1 ～ 2 毫秒的響應時間，家庭無線網路的響應速度一般會在此基礎上下降，但也將會有比目前更快的響應時間，這使智慧家居以更加無縫對接的方式觸發通知和自動化程式，使其功能更順暢，給使用者帶來更好的使用體驗。而在智慧家庭保全上，更快的反應將更早地發出警報，使用戶的生命財產安全更有保障。

5G 在智慧家居的應用方面，一方面將建立統一的網路標準，有利於不同品牌的商品在同一個場景下使用，也加速了各企業間的溝通和合作；另一方面也提升了智慧家居的效能，給使用者帶來更好的使用體驗。總之，5G 技術在智慧家居的應用可以整合智慧家居的資源，加強產業間的合作，促進產業的發展。

12.1.2 廣泛的 VoLTE 受眾範圍

VoLTE 即 Voice over LTE（LTE 通話），IP 資料傳輸技術可實現資料和語音的統一，就是使用者在使用手機接電話的同時也可以上網，解決了以前只能上網或者只能打電話的單一模式，更加方便了使用者的使用。

VoLTE 的研發部署是一項複雜的系統工程，這就要求每個環節都能夠良好配合。它包括 EPC 核心網、信令網、CS 核心網、承載網等多個領域的支撐。VoLTE 的研發是運營商網路業務的一次重大改變，在一定程度上也考驗了裝置商的端到端的能力。

2G、3G 主要是以語音為主，使用電路交換技術來支援電話業務。通俗地說，就是在通話前要在網路中建立一條線路，這條線路在通話結束後會被拆除。在通話過程中，移動流量的上網功能將會被通話所終止。

在 4G 時代，傳統的電路技術被分組交換技術所代替。分組交換技術是進行資料輸送，在進行語音通話的時候就會進行資料輸送，不說話就不進行資料輸送，這樣就能更高效地利用資源。在這種技術下，語音通話將會更加清晰，通話的連接也更加快速，減少了斷線現象的出現。

而在未來，5G VoLTE 高畫質語音通話將會產生，它不僅能夠提升使用者間的通話品質，還可在通話時保持資料的傳輸。在未來智慧家居場景中，使用者用一台裝置就可以實現通話與上網功能的統一，可以為使用者帶來更加便捷的使用體驗，也因 VoLTE 通話與資料傳輸的統一，在未來，這項技術將有廣泛的受眾範圍，也將推動智慧家居的廣泛應用。

12.1.3 提升傳輸速率，享受極致體驗

5G 的高傳輸速率同樣體現在智慧家居之中，傳輸速率高才會讓使用者享受極致體驗。在 5G 時代，傳輸速率會不斷被提高，以此來滿足使用者對家具的極致體驗。

在 5G 的網路環境下，其速度將會是 4G 速度的近百倍。當使用者想要

下載一部超清畫質的電影時，如使用 4G 網路，至少需要 6 分鐘。而在 5G 網路下，幾秒鐘的時間就可以完成下載。

這樣快的速率是不是很誘人？在 5G 的網路下，無論是娛樂、學習、工作和生活等，都會帶給使用者不一樣的體驗，讓使用者有更加極致的享受。

智慧家居最典型的產品非智慧音箱莫屬了。世界上的第一款智慧音箱 Echo 是由亞馬遜研發的。亞馬遜是「第一個吃螃蟹的人」，首創了智慧語音互動系統。而且透過產品的更新疊代，培養了大量的忠實客戶，抓住了發展的先機。如今，亞馬遜仍舊是智慧音箱的領跑者。

Echo 將智慧語音互動技術應用到音箱中，使音箱有了人工智慧的屬性。其語音助手可實現與使用者交流，還會根據指令為使用者播放音樂、網購下單、叫車、定外賣等。

智慧音箱的最大作用在於使用者能夠透過語音操控它，讓它與智慧家居產品相互聯繫。智慧音箱可以接受使用者的指令並執行。例如，使用者可以讓智慧音箱開燈、播放音樂、連接電話等，它們都能迅速、優質地幫使用者完成任務。

雖然目前智慧音箱如雨後春筍般紛紛冒了出來，但其仍存在同質化嚴重的現象，而且功能也不盡完善，另外還存在一些小瑕疵。例如，當使用者讓智慧音箱打開窗簾時，它可能會出現卡頓現象，影響使用者的使用體驗。

而 5G 帶來的傳輸速率的提升則很好地改善了目前智慧音箱中存在的反應卡頓的瑕疵，將為使用者帶來極致的使用體驗。

12.1.4 提供強有力的技術支援

5G 為智慧家居應用範圍的延伸提供了技術支援。智慧家居指的是「智慧生活在家庭的場景」。在生活上，除了家庭之外，還有場景與家庭場景相似，例如，智慧旅館中的智慧化客房。

智慧化客房指的是客房將各種智慧裝置、家電與感測器聯網，在電燈、電視、窗簾等裝置中匯入辨識技術，為使用者提供更便捷的服務。智慧旅館的智慧化服務主要體現在兩個方面。

- 在個性化服務方面，預訂旅館時，使用者可以在個人資料中設定房間的溫度、亮度等，系統會在使用者抵達之前調好。
- 入住客房後，使用者可以用智慧音箱控制智慧家居、燈光或設定鬧鐘，還可以自動調節水溫或加滿水等，在許多場景上都與家庭場景十分相似。

2018 年年初，旺旺集團旗下神旺飯店表示，將與阿里巴巴人工智慧實驗室合作，共同打造人工智慧飯店。阿里巴巴在智慧飯店從智慧音箱天貓精靈入手，提供了以下的服務。

1. 語音控制

使用者可透過語音打開房間的窗簾、燈、電視等裝置。

2. 客房服務

傳統的總機電話服務功能將不復存在，使用者可用語音查詢飯店訊息、周邊旅遊訊息，或者自助點餐等。

3. 聊天陪伴

使用者可以與天貓精靈有更多互動，天貓精靈可陪伴使用者聊天、講笑話等。未來天貓精靈還可能增加生活服務串接、商品採購等。而天貓精靈的 AI 語音助理可以將使用者在家庭生活與出行住房的體驗結合起來，為飯店使用者提供更加貼心的服務。

5G 技術將使智慧家居向更廣範圍延伸，在未來，旅店裡、車裡等與家庭相似的場景中，都會存在智慧家居的身影。

12.2 5G 為智慧家居帶來改變

5G 的出現使智慧家居的發展不再是一個孤島，不同的產品之間可以聯繫，打破了不同產品之間的隔閡，提升了智慧家居的發展速度。從訊息交換到資料交換，讓使用者有了更好的使用體驗。智慧家居的出現也將有助於形成一個巨大的市場。

12.2.1 打破「孤島現象」

智慧家居控制系統是把多個感測器連接起來的，這樣才可以實現訊息的共享，但在目前智慧家居的發展中，不同感測器的互通是制約智慧家居發展的重要因素，企業間的「孤島現象」嚴重。

大多數廠家只是關心自己的產品連接，缺少一個共同的產業標準，這就導致了不同品牌產品之間沒有相互連接，這樣封閉的環境不利於智慧家居的發展。

5G 時代到來後，其網路標準的統一可推動感測器標準的統一，可以在一定程度上拉近企業之間的聯繫，打破各大企業之間的「孤島現象」，有利於推動智慧家居的生產，有利於推動企業之間的融合發展。

依託 5G 網路，各企業可彼此之間進行整合，將自己的產品與其他產品相互動，藉此做到不同裝置之間的連接，有助於實現不同裝置之間的融合，對於智慧家居的發展將發揮積極的促進作用。

由於品牌與品牌之間存在不同標準，不同品牌的產品無法接入對方的智慧平台之中，只有根據自己的大數據才能對自己的裝置進行操控。5G

網路為其提供了統一標準，還需要各企業加強各產品之間的聯繫和交流，最終才能打破這種「孤島現象」。

智慧家居企業間「孤島現象」的打破，不僅使用戶的使用更便捷，更有助於智慧產品的生產，擴展生產鏈，創造更大的價值。

12.2.2 從訊息交換到資料交換

一般情況下，智慧家居的裝置大多都是透過不同方式進行訊息的相互交換，這樣在一定程度上就會增加裝置傳輸訊息的時間，因而影響使用者對於智慧家居的使用體驗。

目前的智慧家居並沒有做到獨立的人機互動，要想智慧家居聽從使用者指揮，需要網關的轉化。網關是一種網間連接器，即作為一種翻譯器存在於兩種不同的系統之間，使其可以共聯。智慧音箱也算是一種網關，是人與智慧家居裝置的網關，連接裝置與裝置，進行訊息交換。

目前，智慧家居裝置間的互訪通常採用 TCP 協議（傳輸控制協議），而 TCP 協議訪問速度比人的神經反應速度稍慢。所以就會產生這種現象，當使用者指示智慧音箱打開飲水機時，它的速度還沒有使用者自己動手快。這是因為 TCP 協議需要經過 3 次觸碰才能建立連接，訊息傳輸速度並不高。

而 5G 應用到智慧家居以後，其高速率、大寬頻、低時延的優勢使更多的智慧家居裝置可以相互關聯，裝置與裝置之間的訊息傳輸也變為裝置與裝置、裝置與使用者之間的各方面資料的傳輸。

5G 的發展可以使家居的智慧化程度不斷加深，裝置之間可以聯繫更加緊密，資料交換更加及時，更有利於提高控制系統的智慧化程度。而在提高控制系統的智慧化程度方面，需要 5G 與其他先進技術的結合，主要表現在以下幾個方面。

1. 雲端計算

智慧家居具有裝置網路化、訊息化、自動化及全方位互動的功能，將產生大量的資料。而雲端計算賦予家居超強的學習能力及適應能力，能夠及時對資料進行有效的分析，並將最佳結果呈現在智慧裝置上，提升家居的智慧化程度。

2. 人工智慧

5G 與人工智慧的結合將推動人工智慧的發展，人工智慧的語音識別、圖像識別等技術將成為智慧家居的標配。在未來，智慧家居可將資料透過人工智慧裝置回饋給使用者，甚至人工智慧會自動判斷使用者目前狀態，並提供相應的服務。

3. 虛擬實境

虛擬實境是依託 5G 而發展的，虛擬實境可以模擬產生虛擬世界，使用戶身臨其境般感受到視覺、聽覺、觸覺方面的美妙體驗。在未來，使用者可以透過 VR 裝置，真實感受智慧家居的不同應用場景，可以根據使用者的生活習慣享受智慧家居帶來的個性化服務，使用戶的體驗感大大提高。

4. 增強現實

增強現實的 AR 虛擬場景也會使智慧家居更加智慧化，日本村田製作所就曾示範過微型感測器的互動技術所提供的 AR 智慧裝置控制智慧家居方案，使用者透過 AR 眼鏡，將視線對準想要控制的智慧裝置，待游標定位成功後，就可以控制智慧裝置的使用功能。

5. 感測器

感測器可實現「感知 + 控制」，多種感測器技術被廣泛應用於智慧家居中，以提高其準確性和效率。而智慧家居 = 感知 + 控制，感測器就像智慧家居的神經，可以即時收集資料，並回饋到人工智慧系統，按人類的邏輯執行，實現「感知 + 思考 + 執行」。

6. 情緒識別

情緒識別採集裝置可以進行表情識別，智慧家居據此可以實現對使用者的情感感知，並做出反應，情緒識別也讓智慧家居控制系統更加智慧化。

雲端計算、人工智慧、虛擬實境、增強現實、感測器、情緒識別等功能的實現都將提高智慧家居的系統智慧化程度，而未來這些功能的實現都需要 5G 網路的支援。

5G 的高性能網路可以實現智慧家居間眾多資料的交換，智慧家居的「感知」也會更精確、更迅速，給使用者帶來更好的使用體驗。

12.2.3 提升使用者體驗

隨著訊息技術網路的不斷發展，使用者對於智慧生活要求也越來越高。在消費水準和消費要求的推動下，智慧家居也加快了前進的腳步。

在 5G 時代，智慧家居將會因 5G 與物聯網及人工智慧的結合而變得更加智慧，給使用者帶來更好的使用體驗，智慧家居提升使用者體驗的表現如圖 12-1 所示。

圖 12-1 智慧家居提升使用者體驗的表現

1. 互動式體驗

在智慧家居場景中，使用者可更加便捷地與智慧家居進行互動，可以透過語音、觸控、臉部識別等多種方式與智慧家居進行互動。智慧家居可快速地回應使用者的各種指令，為其撥出電話、播放音樂或陪伴聊天等。

2. 感知式體驗

在未來的智慧家居場景中，會為使用者提供更好的感知式體驗，人來燈亮、人走燈滅，定時開窗通風，自動調節室內空氣品質，自動調節室內溫濕度等，以使用者為中心的感知功能將會越來越多。

3. 安全性體驗

安全性體驗是最重要的一環，入侵防盜報警、火災報警、煤氣洩漏報警等裝置將全方位保障使用者的家庭安全，為使用者即時提供家庭的安全狀態。

4. 系統穩定性強

雖然智慧家居安裝方便，使用起來十分靈活，但是目前智慧家居的訊息傳輸問題是影響其發展的一大痛點，導致了反應慢、系統穩定性差等問題。

而隨著 5G 在智慧家居領域的應用，其提供的高速率、低時延的網路很好地解決了訊息傳輸的問題，使智慧家居系統的穩定性大大增強。其幫助智慧家居突破發展瓶頸，增加了使用者的良好體驗。

總之，5G 在智慧家居領域的應用，不僅使得智慧家居的使用更便捷、高效，更加安全，還增加了目前所沒有的體驗方式，從便捷性、安全性、新奇性等方面提升了使用者的使用體驗。

12.3 5G 與建築的奇妙化學反應

在未來 5G 的發展中，5G 與建築也有著千絲萬縷的聯繫，「智慧工地」應運而生。「智慧工地」遠端監控與建築工地的對接，實現了建築工地的智慧化建築管理。智慧化建築管理模式有助於推動傳統建築業的轉型升級，可以讓施工變得更加安全，也可以讓運維體系更加標準化。

12.3.1 更加彈性、自動化的設計與建設

5G 在建築領域的應用使得建築業在建設上更加有彈性，這種彈性首先表現在更加自動化的設計上。

在未來，人們的辦公將變得更加智慧，公司不再需要寬廣的樓層面積來放置各種傳統的辦公器械，工作人員透過智慧化的辦公桌，甚至是在家就可完成自己的工作，這對未來的建築設計也提出了更高的要求。

5G 可以讓物聯網變成控制網路，建築內的裝置將更加精簡、更加智慧。企業可以按桌子租賃，而不是按房屋、樓層租賃。無線辦公減少了基礎設施的損耗，因此，在建築時可根據不同的需要更靈活地設計建築。

在建築建設上，也極大地發揮了建築建設過程中的自動化。

在很多建築活動中，智慧機器人將取代人工進行建設活動，可以對一些控制部件進行組裝，並可依指令運輸建築材料。將這些重複性勞動轉移到智慧機器人身上，工作人員只需要根據需要來操控智慧機器人施工。

其自動化還表現在一些智慧機器人可以在無工作人員參與的情況下，自動地在工地上完成施工任務。

自動化的建設過程不僅解放了大量人力，還保障了建築施工中的安全性。在建築工地施工對工作人員來說存在一定風險，但是當用自動化的智慧機器人來代替工作人員施工時，就有效保障了工作人員的安全性。

自動化的建設過程還提高了施工的準確度和速度，可為企業帶來更高的效益。在 5G 對自動化建設的助力下，建築業將會進入嶄新的時代。

12.3.2 施工變得全程可視，易於管理

「智慧工地」讓施工場的環境更加清潔，而智慧化的管理系統可使施工變得全程可視，易於管理。

進入建築工地的大門，首先就是考勤，這樣項目的管理人員可以對到崗情況一目了然。為了有效防止違規操作，工作人員必須經過智慧的人臉識別，只有通過身份驗證以後，工作人員才可以進入工地，進行工作。

高畫質監視錄影能夠清晰地看到工作人員及智慧機器人的即時工作影片，可幫助管理人員更準確地分析工作人員及智慧機器人的工作情況。如果監控系統發現工作人員有疲勞、瞌睡等異常現象，就會立即預警，防止因為疲勞等發生事故。

同時，預警同步裝置的使用可以在環境不達標的條件下自行進行報警。這些裝置對工地的環境資料進行遠端監控，並且將會對環境監測部門的資料進行即時自動統計分析。如果監測到的資料超過預警值，就會自動報警，並自動啟動工地現場所布置的除塵裝置，減少環境汙染。

5G 也可以運用到建築的預設場地，透過智慧測量，使工程材料實現實時測量、全景測量等管理功能；在工地安裝超視野攝影機，可以讓管理人員及工作人員了解現場的工作情況，了解安全防護設施是否做到位，防止出現安全隱患。

智慧化的管理系統依託即時監控、全景攝影機等先進技術，將傳統影像監控與 5G 相結合，使施工現場的建築建設更加精準，在確保安全施工的前提下保證建築品質，確保建築工作精準完善。

12.3.3 越來越標準的運維體系

5G 在建築業的應用加速了建築運維平台的部署，將形成越來越標準的運維體系。

5G 時代，智慧建築運維平台將透過標準的運維體系來保證各終端的資料安全。在部署終端時，需考慮使用者與資料的機密性保護，保證資料的安全儲存及處理。移動終端的部署方面，需支援安全演算法和協議，能夠實現低功耗並帶來良好的使用體驗。資料傳輸方面需使用加密封裝、數位浮水印等技術保證資料的安全。

同時，管理終端的安全也十分重要，不但需從硬體層、系統層、應用層等層面考慮相應的安全防範措施，也可以借用網路提供網路安全支援，包括資料加密、資料儲存等。

在運維平台自身安全方面，要在密碼演算法、5G 認證協議、資料封裝、加密傳輸、入侵檢測等方面進行全面的部署。

建築運維平台的部署將形成越來越標準的運維體系，在其標準的運維體系下，可構建智慧建築運維專網，為業務的保護、敏感訊息的儲存與訪問、使用者隱私保護等提供保障。

標準的運維體系也可滿足建築智慧管理的安全需求，資料可透過服務介面進入網路切片中。每個切片與其他切片資源相互隔離，同時，高強度網路安全保護也可有效防範來自外部的攻擊。

5G 支援娛樂產業，實現全新娛樂體驗

5G 引起了各行各業深刻的變革，而 5G 進入到娛樂產業後，其同樣會打造全新的娛樂體驗。

5G 帶來了新的商業模式及更加真實的沉浸式互動體驗，遊戲、音樂、AR 和 VR 等娛樂產業都將發生深刻變革，給使用者帶來更加真實的體驗，5G 將給使用者的娛樂方式增加新的維度。

本章摘要：

13.1 娛樂產業未來三大趨勢

5G 與娛樂產業的融合，對娛樂產業產生了深刻的影響，這種影響表現在媒體產業營收、媒體互動方式，以及廣告市場等多個方面。

13.1.1 引爆媒體產業營收

5G 為娛樂產業帶來的最直觀的轉變就是為其創造了營收，引爆媒體產業營收也是 5G 進入娛樂產業後，娛樂產業未來最直觀的發展趨勢之一。

5G 引爆媒體產業營收是建立在由 5G 帶來的媒體產業規模擴展的基礎之上的，5G 在媒體產業的引入為媒體產業的發展提供了更加廣闊的發展空間，同時，5G 的應用也推動了媒體產業發展的腳步。在這種形勢下，媒體產業的規模不斷擴大，媒體產業的發展也更加成熟。

英特爾 2018 年發布的《5G 娛樂報告經濟學報》預測，2019—2028 年，全球媒體及娛樂產業將透過 5G 獲得 1.3 萬億美元的營收，預計到 2028 年，5G 的營收可達 2000 億美元。

未來幾年，5G 將給媒體和娛樂業帶來快速的市場成長，全球媒體市場規模將急速擴張，而最先應用全新商業模式的媒體企業將成為領先贏家。

5G 的應用將改變媒體和娛樂產業目前的發展趨勢，為其發展帶來新的可能。如果企業能夠抓住 5G 的新機遇，就會獲得一種極其關鍵的競爭資產，如果企業錯失良機，就會使企業的發展跟不上時代的潮流，減緩其發展速度，甚至是被淘汰。5G 轉型浪潮是所有娛樂產業裡的企業都要面臨的問題。

那麼，企業應該如何更好適應 5G 大環境？企業必須適應商業環境、消費者習慣和大眾期待的新變化，以積極的心態擁抱 5G，透過新技術的實踐或與其他技術的結合實踐等，為消費者提供更好的娛樂體驗。只有這樣，企業才會趕上未來娛樂產業爆發式營收的列車，為企業創造更多的營收。

13.1.2 提供媒體互動新方式

目前時代同樣是一個媒體業飛速發展的時代，從傳統媒體發展到網際網路、移動網際網路媒體，再到自媒體；從圖文資訊時代發展到短片、直播時代。那麼在 5G 時代，媒體業會迎來怎樣的顛覆性變化？

英特爾和 Ovum（電信業界極富權威性的一家諮詢顧問公司）曾共同發布報告，在其中列出了對 5G 時代下各產業應用增長的期望，其中，影片占了 5G 資料使用量的 90%，到 2028 年，遊戲等用途將占 5G AR 資料的 90%。

在未來，5G 勢必將加速行動媒體、行動廣告、家用寬頻等的內容消費，同時，眾多網際網路影片平台也希望透過一系列沉浸式和互動式新技術的使用來為使用者創造更好的體驗，以便在 5G 到來之前把握先機。

5G 促進了 AR 和 VR 應用程式的開發，這些應用程式帶來了更高的營收，並提供了媒體互動的新方式。AR 技術將透過虛擬場景和增強性情境訊息等給使用者帶來與媒體互動的全新方式。

5G 提供的媒體互動方式表現在遊戲和新媒體渠道中。首先，虛擬場景將被用於 AR 和 VR 遊戲之中，如雲端遊戲的體驗增強會推動其訂閱量的上升。其次，5G 為新媒體提供了虛擬場景，使消費者與內容進行互動成為可能，同時沉浸式體驗可以提高使用者參與度，種種新的互動方式為使用者帶來了更加真實的體驗。

在 5G 提供新的互動方式的同時，新的感官體驗將帶來新的娛樂盈利方式，也就是說，新的媒體互動方式不僅給使用者帶來更加新奇的體驗，也會給媒體企業帶來新的營收。

13.1.3 賦能數位廣告市場

5G 的發展對廣告市場也產生了不小的影響，在 5G 發展的趨勢下，3G、4G 移動廣告收入持續降低，5G 移動廣告收入快速增長，以 5G 為基礎的沉浸式產品的出現極大地影響了廣告市場的發展。

5G 對於數位廣告的影響值得所有廣告商去關注，它傳播速度更快，其低延遲的特性可以為使用者提供更多身臨其境的體驗，而更高的解析度和更優質的體驗有助於廣告商更好地與使用者聯繫。

一旦 5G 形成規模化發展，就意味著新的廣告機會出現了，廣告商也一定會大力發展 5G 支援下的數位廣告，在未來，5G 在數位廣告市場將大有所為，其對數位廣告市場的影響主要表現在以下幾個方面，如圖 13-1 所示。

圖 13-1 5G 對數位廣告市場的影響

1. 減少廣告攔截

隨著 5G 廣告體驗的最佳化，未來可能會看到廣告攔截率的下降。目前，因廣告攔截過多導致的影片或工作階段被中止的現象屢見不鮮，而未來 5G 發展之後，可能會減少這種現象，還會消除因廣告過多而導致的頁面載入速度緩慢的狀況。

2. 投放資料更準確

當使用 5G 進行準確的位置定位時，可使近距離廣告成為現實。4G 資料只能支援聚合移動及即時傳輸的分析，這可能會導致廣告客戶未獲得預期結果。5G 將帶來即時、超精確的位置資料，使未來廣告行銷具備更高性能。

3. 加深與使用者聯繫

5G 可以降低網際網路套餐的成本，使用者便有價格更為合理的無限封包可以使用，其在行動裝置上花在影片、音樂和遊戲上的時間也會增加，這種趨勢為廣告商提供了與使用者建立深度聯繫的機會，有助於廣告商加深與使用者的聯繫。

在 5G 即將蓬勃發展的今天，廣告商應抓住機遇，進行新的規劃安排，利用新技術服務於使用者，以搶占先機，獲得更大發展。

13.2 5G+ 遊戲，增添遊戲趣味性

5G 提供了媒體互動的新方式，而這種全新的互動方式應用於遊戲中，可有效提高玩家的遊戲體驗，為遊戲增加了趣味性。

那麼，5G 將給遊戲帶來怎樣的巨變？如何改變遊戲的發展與行銷？

13.2.1 定位準確性更加強大

目前，遊戲產業存在成長趨緩、缺乏創新等問題，而 VR 與遊戲產業十分契合，其全新的模式將徹底改變遊戲產業和玩家對遊戲的玩法。VR 遊戲是 VR 業界的熱門話題，此前各種動漫及科幻小說也讓大家對 VR 遊戲有了深深的期待。遊戲可以充分地發揮 VR 的沉浸式體驗，遊戲的體驗感也成為玩家的迫切需求，玩家更注重遊戲內容與個人感覺的互動性。

過去一些簡單的玩法和低質的遊戲體驗已經成為玩家的痛點，定位的不準確就無法為玩家帶來良好的遊戲體驗。分析場景結構，跟蹤定位及場景重構，物體檢測與識別都是為了找到場景中的目標，這是場景理解的關鍵環節，而跟蹤定位技術的不準確就使得遊戲玩家無法找到準確的目標，自然也無法形成準確的場景理解。

5G 在遊戲中的應用就很好地解決了這一問題，5G 的地理定位能力不僅可以提高遊戲的準確性，還可以將功能擴展到室內或擁擠的城市環境中。4G 的精度在 10 公尺至 500 公尺之間波動，而 5G 會在多數裝置中提供 1 公尺精度的定位。這一改進使開發商重新思考其所使用的定位技術，因 GPS 有長時間的紀錄且耗電量大等缺陷，與此對比，擁有更準確的定位的 5G 必將成為開發商的首選。

借助 5G，AR 遊戲的工作階段時間會更長，地理位置也會更準確，將給玩家帶來更真切的身臨其境的體驗。

13.2.2 身臨其境的遊戲體驗

隨著 5G 移動網際網路時代的到來，其將徹底改變移動遊戲的格局。在 5G 下，其下載速度預計比 4G 速度快上百倍，訊號品質也會大大提高。總之，隨著 5G 技術的應用，行動遊戲產業及其行銷市場必將產生飛躍發展。

5G 新的效能和網路連接會改變移動內容的分銷模式，為玩家帶來更好的身臨其境的體驗，豐富了遊戲內功能和移動廣告模式。5G 網路的來臨將為行動產業帶來巨大的發展機遇。

對於玩家來說，高速的資料下載速度和更大的聯網容量是十分重要的指標。除此之外，5G 還在其他方面取得了突破，給玩家帶來更佳的遊戲體驗。

首先，5G 最佳化了網路延遲，玩家將體驗到更短時間的延遲，他們不用依賴強大的 WiFi，僅透過行動網路就能夠體驗快節奏的遊戲。其次，裝置的定位精確度為玩家在一起玩遊戲的需求提供了新的可能，同時，增強現實技術也變得更具可行性。

由於 5G 高速的網路速度和低延遲，在未來的發展中，虛擬實境 VR、增強現實 AR 遊戲等的出現將會成為現實。我們將會看到多樣的 3D 遊戲，體驗虛擬場景與網路的即時互動。

13.2.3 商業模式更為盈利

隨著網路市場的發展，網路遊戲運營商的競爭也越來越激烈，在這種形勢下，遊戲運營商轉變其傳統的盈利模式，積極利用新科技探索更高效的盈利模式就成了其發展過程中需要解決的重要問題。

而 5G 在遊戲的應用也為遊戲運營商轉變其盈利模式提供了技術支援。5G 為遊戲產業帶來的好處是多方面的，對於遊戲運營商來說，5G 支援娛樂產業也會減少其運營成本，使其商業模式更為盈利，其表現主要表現在以下兩個方面。

1. 遊戲運營商可更全面的掌握監控訊息，做出更科學的決策

5G 帶來的網路可視化將幫助遊戲運營商監控大量訊息，這些資料可幫助廣告商和出版商在節目拍賣中得到更好的匹配。

2. 獲得更多廣告收入

對於遊戲運營商來說，參與指標，包括點閱率、可視性強、影片完成等因素，可幫助運營商獲得更高的回報。而 5G 的支援，其更加快速的傳播速度和低延遲的特點等都會幫助遊戲運營商實現更高的 eCPM（每一千次展示可以獲得的廣告收入）。

5G 實際上是改變遊戲規則的技術，在看到它的影響後，其必將大規模應用，例如：在射擊、紙牌遊戲等多種遊戲類型中，5G 都會推動其快速發展。

5G 是遊戲開發商不可錯過的機遇，但什麼時候才是發布遊戲的合適時機？這一點需要遊戲運營商仔細觀察玩家所處的環境，並根據自身特點把握時機。

13.2.4 雲端遊戲成為可能

5G 在遊戲產業的應用使雲端遊戲成為可能，所謂雲端遊戲就是玩家無須下載就能夠線上玩的遊戲，其過程在伺服器端執行，透過網路傳輸，用戶端只需顯示和接收指令，使遊戲更加方便。

目前，大型的手遊都以 GB 計數，以手機的儲存容量而言是不小的壓力。在 5G 技術支援下的雲端遊戲因不用下載手遊 App 而降低了對手機儲存容量的需求，除此之外，雲端遊戲的這個特點也會更方便開拓玩家族群，利於遊戲的推廣。

在發展雲端遊戲這個方面，騰訊已經做出了良好的範例。騰訊已經申請了「WEGAME CLOUD」商標，將進一步發展雲端遊戲的相關業務，隨後騰訊與英特爾合作推出雲端遊戲平台「騰訊即玩」。透過在雲端完成耗費硬體資源和功能，讓玩家擺脱束縛，省去下載和等待時間，實現「即開即玩」。

該遊戲平台在雲端後台接收玩家操作指令來執行遊戲，然後將內容編碼為影片軌發送給玩家，擁有跨平台、低延時、覆蓋範圍廣和不限空間局限等特點。

從騰訊在雲端遊戲上的實踐中可以看出，雲端遊戲或已成為網遊發展的新趨勢，而到 5G 網路普及後，雲端遊戲必將蓬勃發展，把這種新奇的體驗帶給更多的玩家。

除騰訊之外，手機廠商們在研發雲端遊戲方面也非常積極。一加、OPPO 等手機廠商開始進入雲端遊戲領域，在 2019 年，MWC（世界行動通訊大會）上，一加、OPPO 分別發布了其雲端遊戲服務。

5G 網路下，速度、延遲和容量方面都被顯著改善，可實現雲端遊戲服務。玩家只需要一部一加手機，就可隨時玩大型遊戲。在大會上，一加手機也向玩家展示了使用一加 5G 手機連結遊戲手把來玩大型遊戲的場景。同時，OPPO 也已開始與領先的軟體開發商合作，共同研究 5G 雲端遊戲的探索、開發。

目前，雲端遊戲已經有了初步的發展，但還無法與 PC 和遊戲主機抗衡，原因主要在於性能上的差距，幾毫秒的延遲都會影響玩家的遊戲體驗。5G 的應用就完美地解決了這一問題，在 5G 的支援下，雲端遊戲以其完全不同於傳統網遊的極大優勢為推動力，必將有廣闊的發展前景。各遊戲運營商一定要抓住機遇，才會獲得更好的發展。

13.3 5G+ 影視，影視產業大變化

在未來，5G 將應用到社會的各個產業，以使用者為中心建立全方位的訊息系統，開啟萬物互聯的時代。那麼，5G 對影視產業有哪些影響？

5G 在影視產業的應用，為影視產業帶來了巨大的改變，使得 VR 電影等虛擬應用的開發與使用大幅增長，增加了新的觀影方式和觀影內容，也增加了創作者的表現形式。

13.3.1 VR 電影和虛擬應用增長

很多人對於 5G 的理解就是速度比 4G 更快，但對於影視產業來說，5G 的意義不止於此。

對影視產業來說，5G 時代代表著一個全新的時代，沉浸式體驗也許會成為使用者消費的主流。那麼傳統的影視產業的巨頭是如何布局的？

華納兄弟將利用英特爾的 5G 和邊緣運算技術，為使用者提供新的服務，例如：更準確的定位娛樂和多使用者遊戲。利用移動邊緣計算，華納兄弟可以大幅提高 AR、VR 遊戲及內容消費的使用者體驗。

影視產業已開始了對 VR 長影片的嘗試。2017 年，VR 電影《家在蘭若寺》的出品就是 VR 長影片創作的成功範例。影片時長 56 分鐘，觀看該影片時，觀眾需佩戴頭盔及耳機。

影片共由 14 組鏡頭構成，其中有兩組鏡頭效果最為震撼。其中一組鏡頭是觀眾視角在浴缸中，面對全裸的小康，看到他的身體、哀愁、欲

望，這是很大膽的處理；另一個鏡頭為拍攝在浴缸中的小康和魚精親密的鏡頭，當然，觀眾是透過光影的變化來感受兩人的曖昧的。

因裝置的佩戴問題使得影片畫質不夠清晰，且 VR 頭盔重量過重，長時間佩戴給頭頸帶了壓力，而這正是目前 VR 市場要在下一步發展中所需解決的問題。

李安同樣也將 VR 技術應用到了電影的拍攝裡，將於 2019 年 10 月上映的《雙子殺手》就是這樣一部影片。

從各導演在 VR 電影的實踐中，我們不難發現 5G 在影視產業應用的前景，未來，影視產業的 VR 電影和虛擬應用將會越來越多，將會帶來影視產業發展的新趨勢。

13.3.2 觀影方式改變，帶來影院危機

5G 網路的精準定位和低時延等特點將推動 VR、AR 等沉浸式影視娛樂的興起，而產業勢必會因此探索新的商業模式。在娛樂業快速成長的背景下，沉浸式體驗必然成為主流。5G 與影視的結合，新的觀影方式的產生，為傳統影院帶來了危機。

美國電影協會相關報告顯示，2017 年，北美市場的票房收入下滑 2%，其觀影人次也下滑 6%，是 1995 年以來北美市場觀影人次最低的一年。同時，該報告顯示，家庭娛樂收入在 2017 年上漲 11%，其大部分來自影片軌體服務。

現在優質影片層出不窮，影院也不是唯一給使用者帶來視聽享受的渠道，再加上透過影院獲取視聽內容的成本偏高，傳統影院的發展正面臨著巨大的挑戰。

AR、VR 等沉浸式體驗將在 5G 的全面應用下迎來市場成熟期，觀影模式也會隨之而變化，這讓傳統影院陷入迅速衰退的危機之中，新的觀影模式對傳統影院的衝擊主要表現在以下兩個方面。

1. 分散了傳統影視企業的客流量

5G 與影視產業的結合，將會加速 AR、VR 等沉浸式觀影模式的發展，在這種情況下，沉浸式觀影模式以其更真實的體驗、更自由的時間選擇等吸引更多觀眾的注意，使得影視企業的客流量減少，收益自然也會降低。

2. 對傳統影視企業的融資造成衝擊

在未來的影視產業，以 5G 為依託的 AR、VR 等沉浸式觀影模式將會火熱發展，也會吸引一些投資機構或投資商將自己的關注點放在以應用新技術為主的新型影視企業上。這樣在流入影視產業的資金穩定的情況下，傳統影院獲得的資金支援就會減少，並對其融資發展造成衝擊。

5G 時代，傳統影院必然面臨嚴重的生存挑戰，現有的經濟模式不再適用於新的時代，技術的發展不僅使影視文化的從業者更加專業化，還會對傳統影院，乃至整個影視文化產業的格局產生影響。

傳統影院只有不斷應用新的技術，才能實現觀影方式的升級，找到新的符合時代發展潮流的發展方向。

13.3.3 重點布局「內容＋科技」

5G 的應用已經是影視產業未來發展的大趨勢，對於影視產業來說，布局「內容＋科技」是其未來發展的趨勢之一。

在傳統影視產業裡，包括好萊塢等電影業巨頭在內的企業多是建立在發行基礎上的，但在未來的影視產業的發展之中，科技和內容的結合才是未來影視產業發展的根本動力。

目前，網際網路影視企業開始進入市場，如蘋果公司建立了自己的影視公司，投入巨資來打造自製精品影視；Google 也不甘其後的開始打造自己的影視版圖。

這些網際網路巨頭資本實力雄厚，利用其優勢，透過大數據分析使用者行為偏好來訂製精品影視內容，所生產的作品會更加貼合使用者的需要，影視產業，始終還是內容為王。

5G 時代到來之後，訊息傳播的關鍵將從內容渠道變為資料，硬體裝置的地位將更加突出，在未來，網際網路企業在影視產業中的地位將受到衝擊，硬體巨頭將占據訊息分發的主要渠道。

為此網際網路公司加大了技術研發，Google 主攻 VR 硬體裝置；蘋果研發可穿戴智慧裝置；小米發展智慧硬體；阿里巴巴發展大數據和人工智慧，成立自己的影視公司，收購優酷，布局影視產業。除此之外，這些公司也大力投資智慧硬體，對智慧音響等進行投資和研發。

在未來，對於影視產業來說，不論是傳統影視公司、網際網路影視公司還是硬體公司，其發展的重點都是要大力布局「內容 + 科技」，在內容方面，利用大數據對產業前景、使用者行為等的分析是把握關鍵內容的必要條件；在科技方面，加大 5G 在影視產業的研發和應用也是提高自身競爭力的關鍵。

5G 將給智慧硬體公司提供彎道超車的機會，依託其資料傳輸的優勢，智慧硬體公司在 5G 時代將在未來影視產業中，迎來快速發展。

13.3.4 個人創作者和表現形式越來越多

在未來，移動影片收入會因 5G 的應用為其帶來的高速傳輸來實現飛速增長。憑藉廣闊的覆蓋範圍，5G 會使網路運營商的電視商品獲得更多的規模經濟，有力地應對與有線電視、衛星電視等的競爭。同時，5G 將透過最佳化影片服務幫助運營商獲得行動媒體的增長。

智慧化的軟體也提高了生產效率，當軟體智慧化後，可以幫助使用者處理很多問題，且不僅效率會提升，操作門檻也會降低。

這使得影視創作將出現更多可能，如：一個人做影片甚至一個人製作電影。在移動網際網路時代中已經出現了「網紅經濟」、自媒體浪潮等，他們一個人即是一個團隊，而 5G 時代將會讓更多人擁有創作者的標籤。

在這樣的背景下，將有越來越多的個人創作者透過新型的訊息傳播方式脫穎而出。同時，「新銳導演」、「青年導演」的發掘力將會增強，電影表現形式也會走向多樣化。

比如，桌面電影《人肉搜索》就是個人創作者利用新題材取得成功的案例。影片拍攝僅用了 13 天，卻斬獲 7000 多萬美元的票房。這部電影的成功之處就在於題材，之所以成為桌面電影，就是因為影片劇情大多都是在電腦或手機的桌面裡進行的，以打開電腦開始，以關閉電腦結束。這部影片就是個人低成本創作的典範。

新技術的發展降低了電影的製作成本，使得更多有才能的人透過影視創作脫穎而出，5G 時代將有更多新穎、低成本的創新表現形式出現。

13.4 5G+ 旅遊，最佳化出行體驗

5G 為各種新技術的創新提供了技術保障，那麼，5G 在旅遊業中應用時，可以為其帶來哪些新的改變？

5G 的應用使更富有趣味性的旅行成為可能，在 5G 的應用中，依託 5G 建立的新型旅遊景區將為遊客帶來更加新奇的享受，更數位化的飯店等也使得住宿更為便捷，同時，5G 與人工智慧的結合將使旅遊服務更為最佳化。

13.4.1 5G 版旅遊景區如雨後春筍

隨著 5G 與無人機的使用，5G+VR 將會帶來更好的體驗效果。當無人機盤旋在景區上空時，透過 5G 即時傳送景區全景高畫質畫面，遊客戴上 VR 眼鏡，就如同身在無人機上，開啟了上帝視角，能夠透過高畫質鏡頭清晰俯瞰景區全貌，且沒有絲毫卡頓、暈眩等副作用，體驗感大幅最佳化。

再如，5G 智慧鷹眼，可以藉由語音、文字、圖片、影片及 3D 模型等形式，借助 AR 眼鏡讓遊客更方便地欣賞景區；5G+ 人工智慧社交分享利用鷹眼和人工智慧技術，為遊客快速生成包含圖片、文字和影片的遊記，並支援刪減，可修改成遊客自己的遊記。這些技術的應用可以提高遊客在景區遊玩的體驗，讓遊玩更加深入、更加方便。

5G 版旅遊景區的紛紛出現已成為旅遊業的趨勢，在未來 5G 的普及下，會有越來越多的景區利用其打造具有自身特色的 5G 版旅遊景區，給更多的遊客帶來更新奇美妙的體驗。

13.4.2 5G 讓飯店、民宿更加數位化

5G 在旅遊業中的應用是多方面的，作為旅遊中的重要組成部分，飯店業自然也會抓住這一機遇，例如，首旅如家飯店集團就是飯店業裡第一家引入 5G 的飯店企業。

5G 在飯店業的應用將使得飯店和民宿更加數位化，那麼，5G 為其帶來的影響主要表現在哪些方面？主要有以下四個方面的影響，5G 對飯店業的影響如圖 13-2 所示。

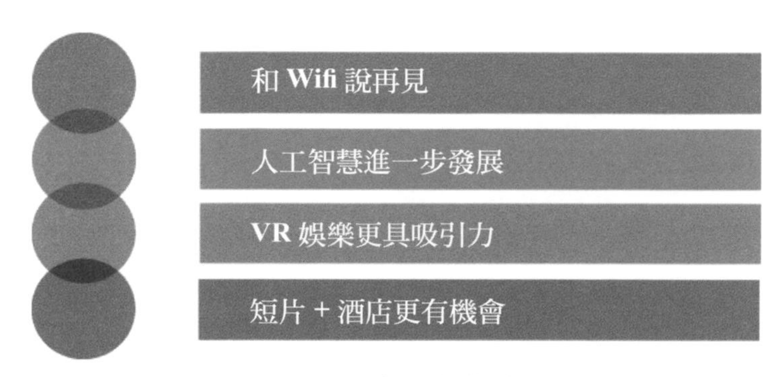

圖 13-2 5G 對飯店業的影響

1. 和 WiFi 說再見

5G 在飯店業的應用可以使其向 WiFi 說再見，飯店和民宿可以將每個客房和公共區域連接在一起，管理更方便和快捷。

對於遊客來說，自然更願意選擇入住提供 5G 的飯店和民宿，而這對於飯店和民宿來說，也是其發展的機會，飯店和民宿可以利用 5G 為那些使用電腦的遊客提供更好的體驗。

2. 人工智慧進一步發展

此前，飯店在與人工智慧的使用上進行了一系列實踐，例如：使用機器人做客房服務、安置智慧語音機器人等。雖然飯店和民宿希望以人工智慧技術來提高自身服務品質，但目前由於技術和網路的不足，人工智慧仍不能與飯店服務進行良好的結合。

隨著物聯網的發展，其執行的感測器越來越多，飯店和民宿可以利用物聯網來處理 5G。而隨著其他人造智慧裝置的普遍，5G 將帶來更快速的寬頻體驗，藉此帶動飯店、民宿與人工智慧的結合進一步發展，為遊客帶去更好體驗。

3. VR 娛樂更具吸引力

在 VR 技術剛剛興起的時候，許多飯店為了打造賣點，在飯店中安裝了 VR 娛樂裝置，但其效果卻不盡如人意。

多數飯店會利用 VR 為遊客介紹旅行風光，這種嘗試處於非常初級的階段，VR 在飯店中的效果不是很明顯，甚至會成為飯店的無效支出。

其原因就在於 VR 的內容的局限性。VR 不會根據遊客需求或喜好來呈現內容，而是需要提前設定，遊客對於 VR 內容的選擇性很小，因此其對於遊客的吸引力也是非常低的。

而且 5G 比 Wi-Fi 更靈活，可以支援更多的裝置，並增加線上 VR 內容，為遊客提供更多的選擇，更具吸引力。

4. 短片 + 飯店更有機會

目前，短片無疑是一種全新的行銷方式，與旅遊業和飯店業的行銷密切相關。而在未來，5G 解決了流量和播放速度等問題，短片與飯店、民宿的結合，為飯店和民宿的發展提供了更多的機會。

5G 的網速約為 4G 的 100 倍，使用 5G，眨眼間就可完成影片的載入，解決了人們觀看影片需要等待的問題。在 5G 手機發展成熟後，短片的發展將更為蓬勃，飯店與民宿等透過短片可以獲得更多關注，也有了更多的機會。5G 在飯店業的應用，可極大提升飯店、民宿的服務水準，隨著 5G 的發展，其在飯店業的應用也將擁有更多可能。

13.4.3 5G+ 人工智慧 = 旅遊服務的提升

在人工智慧、5G、物聯網等一系列新技術的快速發展下，利用這些技術為消費者提供個性化服務、提升自身的服務品質，成為傳統的旅遊業未來發展的重點工作。

在人工智慧的支援下，智慧機器人將會極大提升旅遊服務的水準。透過人工智慧技術最佳化產業鏈，並提供全方位服務，可向遊客提供有效的相關訊息，甚至會改變遊客的旅行計劃和旅行方式。

例如：花之冠國際旅行社就發布了其旗下的智慧機器人一小 U。在小 U 的程式中，結合了機器人端、行動端與 PC 端，為遊客提供方便快捷的旅遊出行服務。同時，這種智慧機器人還可透過旅行線路收益分成、廣告等手段來提高商家的收入，也降低了商家進入旅遊業的門檻。

旅遊服務中的另一款應用 5G 智慧鷹眼，則極大最佳化了景區管理。智慧鷹眼利用圖像採集終端和 5G 高速通信的方式完成影片和圖像的傳送，並且可以覆蓋景區全景，使景區的管理更加精細。

5G 與人工智慧技術的結合，可以使旅遊服務以科技為依託，透過個性線路訂製、精品推薦、智慧導航等功能，為遊客在訊息獲取、行程規劃、商品預訂、遊記分享等方面提供更便利的智慧化服務。

13.4.4 關於「5G+ 旅遊」應用的未來猜想

目前的 5G 還處於發展的初級試驗階段，同 4G 模式一樣，還是以服務於人為目的。對於旅遊業，4G 因其局限性不能穩定的滿足需求，如果應用到智慧化景區當中，則需要由 5G 來完成。

5G 的優勢是增加了頻寬、速度快且低延遲，應用更加靈活，其目的是為了實現萬物互聯，打造一個更加整體、和諧的應用環境，而這一目標需要 5G 全面覆蓋的支援。

目前的 5G 處於一個嘗試的階段，沒有一種公認的模式。在其發展期間，可能會出現一些 5G 的應用，比如線上旅遊，透過虛擬實境領略各地風光、沉浸式的景區體驗等。

在未來，5G 應用到旅遊業中，對景區和飯店等各種管理者及遊客來說，都提供了極大的便利。

對於景區和飯店等各種管理者來說，5G 的支援將更便於其對景區及飯店的管理。景區、飯店的智慧引導，不僅是一個平台，還會有一些線下的裝置，隨路徑的不同產生相應的引導方式。在未來 5G 的發展中，景區數位化是大勢所趨，透過全景覆蓋的螢幕可以看到景區的關鍵指標，客流量、停車位數量、消費資料等都會被直觀地展示出來，方便了景區管理者對景區的管理。對於管理者來說，透過這些直觀的資料，就可以了解景區各方面的情況。

對於遊客來說，5G 應用到旅遊業中後，為其帶來了更為舒適的服務體驗。智慧化的一站式服務和各種高科技的娛樂項目的研發和投入，也增加了遊客出遊的趣味性。

目前，5G 的應用主要集中在虛擬實境、非手機化人臉識別、景區資料可視化管理等方面。在未來，旅遊市場環境會很快完善起來，去手機化也將成趨勢。

與此同時需要注意的一點是，由於對 5G 的呼聲很高，使用者對它的期望值也達到了一定的高度，但 5G 仍處於發展的初級階段。即便 5G 現在已開始應用，仍有一個與各產業的磨合期，無論是產品還是技術，都需要時間來驗證。

5G+ 教育：保障成長的未來

目前來看，在各國的研究和預測中，都將 5G 視為能夠改變世界的技術。從智慧家居到出遊方式，從旅遊業到農業等，各行各業的人都在關注著 5G 的發展，以期從中抓住機遇，實現自身的跨越式發展，各行各業都加入到了這場新的角逐之中。

那麼，當火熱發展的 5G 進入教育中，能為其帶來怎樣的轉變？

本章摘要：

14.1 傳統教育模式的弊端

目前的教育模式受傳統教育模式的影響頗深，由此引發了教育模式的種種弊端。若想達到良好的教育效果，需要對傳統教育模式進行改革，構建更加合理的教育模式。在改革之前，首先要了解傳統教育模式的弊端。

14.1.1 過度重視書本知識的傳遞

傳統教育模式的弊端之一就是在授課中過於重視書本知識的傳遞，這使得教師的授課程式化、教條化，不僅打擊了學生學習的積極性，還阻礙了其創新思維的形成，這種授課方式是存在缺陷的，其缺陷主要表現在以下兩個方面。

1. 忽視了知識與實踐的關係

真理既具有絕對性又有相對性，認知真理是一個反覆、無止境的過程，而傳統教育模式下，教師為了達到考核要求，把課本知識當作教條，認為其是不容置疑的絕對真理，並讓學生們相信這些真理。

而現實生活中的情況具有複雜性，不同條件下同一個問題可能會有兩種發展趨勢、產生兩種結果，這並不是一兩個概念就能解決的。傳統教育模式不重視經驗獲得的實踐和學生的學習實踐，也不重視學生對於知識的思考和認識，只是把書本中的經驗和結果傳授給學生，並要求其熟記。

在這種情況下，學生知其然卻不知其所以然，很容易產生生搬硬套的情形，同時這種學習方式也不利於學生學習效率的提高。

2. 限制了學生的創新思維的培養

這種教育模式突出了分數評價的標準的作用，教學管理要求整齊劃一，不重視學生的個性發展。灌輸式的學習方式嚴重打擊了學生的自主學習能力，也阻礙了其自主學習思維的開拓。

在這種教育模式中，受教育活動計劃性的影響，學生和教師都受到了教案的束縛。教師授課的理想行程是完成既定的教案，不願節外生枝。教師也希望學生按照自己設計好的教案來進行活動，當學生的思路與教案不符時，教師常常會把學生的思路「拉」回來。

這種過於重視知識傳授的教育模式忽視了對學生創新能力的培養，只關注學生的知識儲存，不注重發展其創新能力。

總之，教師在授課中過度重視書本知識的傳遞，會忽視實踐與知識的關係，不利於學生對知識的理解和掌握，同時，這種授課方式也限制了學生創新思維的培養，不利於其成長為符合新時代需要的創新人才。

14.1.2 教育資源分布不均衡

教育資源分布不均衡也是傳統教育模式的弊端之一，教育資源分布不均衡主要表現在以下兩個方面。

1. 地區教育資源分布不均衡

發達地區的經濟和教育意識都處於領先地位，教育投入高於欠發達地區，這使得教育資源呈現地區分布的不均衡。

各地的教育資金投入都是以當地地方政府支出為主，北京、天津等東部相對發達地區因其地方雄厚的資金支援，可在教育發展中投入更多的資金，而中西部部分經濟欠發達地區，因其經濟能力無法與發達地區的經濟實力相比，所以這些地區即使會有國家經濟支援，但在教育的資金投入方面還是低於發達地區的資金投入。

2. 城鄉教育資源分布不均衡

城鄉教育資源分配不均衡也是教育資源分配不均的重要表現。但重點學校集中在城市，由於教育資源分配上存在的城鄉分化嚴重，導致農村中小學學生存在輟學等現象，甚至「讀書無用論」的錯誤思想仍然存在，並產生了所謂的「馬太效應」，使農村基礎教育繼續薄弱下去，加大了城鄉教育的差距。

從資源配置上看，優質學校、教育資源集中在經濟發展水準較高的城市，造成城鄉間資源配置不平衡，農村地區、薄弱學校的發展和資源相缺乏。

教育資源地區、城鄉分布的不均衡使得區域間、城鄉間的教育水準差距越來越大，這也是傳統教育模式中急待改善的問題。

教育資源分布不均衡的根本原因在於經濟、社會發展的不平衡。不同地方的政府在經濟發展目標及財政收入的約束下，對教育的投入程度必然有所不同，因而形成了教育資源分配不均衡的情況。

14.1.3 學情回饋不及時

學情回饋不及時是傳統教育模式的缺陷之一。學情回饋對於學生學習效率的提高有著重要指導意義，如果學情回饋不及時，老師就無法清晰了解每一位學生的學習情況，也就無法做出有針對性的指導，就失掉了引導學生有效學習的一種有效途徑。學情回饋主要包括以下幾方面內容。

1. 學生年齡特點回饋

學生年齡特點的回饋從宏觀上反映了學生的整體傾向，包括在此年齡階段的學生積極活潑還是開始羞澀保守、喜歡和老師配合活動還是開始牴觸老師等。這些特點可以透過心理學的簡單知識來分析，或憑藉經驗及觀察來把握。

2. 學生已有知識回饋

針對本課或本單元的教學內容，明確學生需要掌握的知識，並分析學生是否將其理解，可以透過摸底考查、問卷等方式。如果發現學生知識掌握情況不佳，教師可以採取一些補救措施或調整教學難度和教學方法。

3. 學生學習能力回饋

透過了解學生理解掌握新知識的能力、學習新操作技能的能力等，教師可以據此設計教學計劃，還可以分析得出學生中學習能力較強的資優生和學習能力較弱的學習困難生，並為此採取變通、靈活的教學策略。

4. 學生學習風格回饋

不同的學生有不同的學習風格，或靈活或沉穩，教師可以結合經驗和觀察，捕捉相關訊息，在課堂活動中揚長避短，充分發揮不同學生的長處。

學情回饋包涵多方面的內容，是教師進行教學總結和教學計劃的重要依據，同時也可以更好地幫助學生學習。而學情回饋不及時，必將產生很多不良的影響，這些影響表現在教師和學生兩個方面。

學情回饋不及時，教師的教學就失去了目標。一方面，學情回饋不及時，教師無法對學生的真實學習情況進行了解，因此無法對自己以往的工作做出總結，在面對學生學習中的諸多問題時，也無法從根源上幫助學生解決問題，無法有效地提高學生的學習效率。另一方面，學情回饋不及時，教師也就失去了制定自身下一步教學計劃的重要依據。可能導致教師的教學計劃不符合學生的需求，遺留的問題越來越多、越積越嚴重，對學生的學習進步造成阻礙。

學情回饋不及時，教師無法注意學生的能力起點，無法正確進行符合學生能力的教學，不清楚學生的學習方式，不知道學生的學習習慣，不清楚學生的認知規律。不了解學生的基本情況和學習情況，其教學就存在盲目性，無法幫助學生更好地掌握知識，明確學習目標。學情回饋是教師教學環節中很重要的一環。學情回饋不及時也無法使教師提高自己、完善自己、形成自身獨特的風格。

學情回饋不及時也阻礙了學生的學習發展。學情回饋不及時，學生就無法根據教師的指導來改正自己學習中的錯誤，學生在學習過程中遇到的問題越來越多，會嚴重影響學生的學習效率、打擊其學習的積極性。

14.2 5G 顛覆傳統教育模式

一次次的行動通訊技術變革使教育界也隨之改變，在 2013 年，隨著 4G 的發展，移動網際網路時代到來，催生了直播平台、新的教育類機構，科技公司進軍教育產業，各種線上教育創業者也紛紛湧現。

而現在，5G 已經呈現出了火熱的發展趨勢，隨著 5G 在教育產業的應用，新的教育模式將衝擊，甚至是顛覆傳統的教育模式。

14.2.1 影響內容用戶端

隨著 5G 的發展，與教育的結合也將會越來越多，新技術的支援會深刻影響內容用戶端。

5G 的發展會以其高速、低延遲等特點吸引更多的使用者。許多國家都十分注重對 5G 的建設，並已進行了相關的研究及布局。在國家的重視及技術支援下，5G 的使用者也會不斷增加，預計到 2023 年，全球 5G 使用者將達 10 億。

目前部分裝置製造商已經開始進行探索 5G 時代的新業務形態，英特爾、蘋果、愛立信等都在聚焦 VR、AR 等新技術。例如，英特爾利用 5G 與 VR 結合的方式在體育界進行探索；蘋果以其手機系統占有率優勢，鼓勵開發者進行 AR 應用開發，以期產生新的應用形態。

這種趨勢預示著在未來，5G 技術必將對內容用戶端產生深刻影響，也會在教育方式上提出革新，進而改變傳統的教育模式。

5G 帶來的高品質的影片傳輸為線上教育提供了技術和載體支援，而線上教育高效、便利、資源互通等特性，打破了傳統教育地域、時間的限制。線上教育的方式主要有以下幾種。

（1）圖文：最常見的、創作成本相對較低的方式。

（2）音訊：多為情感類自媒體，或者以直播的方式，在分享中與使用者互動。

（3）影片：表現力非常強，方便做技能教學、技能培訓類知識等。

（4）社群：社群是雙向的，使用者和創作者可以進行密切的溝通。

（5）直播：知識付費直播，大多是透過影片錄播 + 及時和使用者答疑來完成的。對於創作者而言，降低了成本；對於使用者而言，使學習更加方便，更符合碎片化的時間。

5G 應用到教育之後，上述線上教育的形態都會獲得更好的發展。除了以上幾種形式，還有一種更加先進的線上教育會得到發展，為使用者帶來更好的體驗，這就是 VR 教育。

教育的本質是言傳身教，這是線上教育的缺失，線上教育只有言傳，沒有身教，而身教是人們最重要的學習方式之一，環境對於學習效果來説十分重要。

很多線上教育的學習，並不能完全做到讓使用者真實感知知識，削弱了教育的深度性。這時，VR 就展現出了自己的優勢，它可創造出虛擬實境，讓使用者身臨其境，達到更好的學習效果。

VR 教育的模式，可以讓使用者更好地了解知識的概念、獲得學習的興趣，可全方位調動使用者的感官和思維去學習，所以不僅可以取得更好的學習效果，也會讓使用者獲得更好的學習體驗。

使用者在任何地方都可以進行這樣的 VR 學習，在學習過程中師生可進行有效的互動，使用戶獲得更加真實的學習體驗。新的教育模式打破了時間和空間的限制，使學習更加自由。

5G 在教育上的應用，不僅改變了學生學習的模式，同時也改變了教師授課的模式，在新的模式裡，教師同樣也是 VR 線上教育的使用者。

隨著線上教育的發展，傳統的教育模式也會發生改變，學校可能會推出雙師課堂，主體教學內容是國家或省市統一組織的專家製作線上課程，傳統教師可能會變為助教，輔助線上教學，給學生答疑並指導。

4G 打破了使用者使用的時間限制，而 5G 時代對使用者的影響是更加深刻且全面的。使用者的學習將打破時間與空間的限制，使用者還能獲得更好的學習體驗。

14.2.2 感知變化：視覺體驗的大邁進

視覺是人們獲取訊息的主要渠道，視覺邊界的擴展往往帶來認知邊界的擴展。過去我們曾利用望遠鏡、顯微鏡等諸多技術、工具擴展了視野。而現在，5G 在教育上的應用，創造了新的教育模式，為使用者帶來了新的視覺體驗。

5G 時代，高速的網路使得 VR、AR 裝置有更高的工作效率，同時，其低延遲可以降低裝置成像的眩暈感，所以在眾多應用場景中，VR、AR 會首先得到研究發展。據 IDC（網際網路資料中心）預測，在教育產業中，2019 年至少有 20% 教育使用者考慮採用 VR 解決方案。

不同的影片畫質在學習時給人的感受是不一樣的，5G 的虛擬實境將帶來更好的視覺體驗，使師生感情的傳達和溝通更加及時，其發展會給線上 1 對 1 小班課及雙師課堂帶來發展機會。

5G 將帶來教育授課方式的改變。現有的授課方式主要是以課堂教學為主，而在未來，授課方式將會變成課堂與線上並行的方式。隨著 5G 在教育產業的普及，可以將更多結合虛擬實境的技術運用到教學環境中，為學生創造更加真實、可互動的學習環境，讓學生在學習中能夠更加與實際、實踐相貼近，提高授課的品質。

VR、AR 教育不僅可以為學生提供更真實、生動的學習環境，還可以節約教育成本、規避實際操作風險。在未來，虛擬校園、虛擬實驗等都可能會實現。VR、AR 技術將改變傳統教育模式，激發學生的學習能力和創新潛能，解決一些教育難題。

虛擬實境技術與教學結合後，可以依託優質教學資源，把抽象概念具體化，為學生打造高度真實、可互動、沉浸式的學習環境，隨著技術的發展和商業模式的成熟，VR、AR 教育必將由如今的積累期走向以後的爆發期。

VR、AR 與教育的結合是技術進步的必然結果。因為虛擬實境技術對各行各業都造成了巨大的改變，自然也包括教育產業。並且虛擬實境具有沉浸感和帶入感，可以給人帶來真實的體驗，同時，「手勢捕捉」技術的加入，有效提升了互動性、想像性，這使得以 5G 為依託的 VR、AR 在教育產業的運用更具優越性。

14.2.3 成本變化：教育資源稀缺性減弱

什麼是教育資源稀缺性？即優質教育資源是稀缺的，我們要努力獲得這種資源，以獲得更好的發展機會，避免被淘汰。因此稀缺性教育資源的競爭是一場事關生死存亡的大事。

要想獲得稀缺性教育資源就要具備一定的條件，例如，學生所處的地域等，並且激烈的競爭使得教育資源稀缺性更加嚴重。

教育資源稀缺性加劇的重要原因就是許多資源不可共享，或者實現共享的條件難以達成。而 5G 在教育上的應用帶來的最主要的變化就是實現了教育資源的共享。

事實上，隨著此前網際網路的發展，教育資源共享已成趨勢。網際網路大規模、可複製的特點讓更多優質資源共享到更多地區。而隨著 5G、人工智慧、虛擬實境、等技術的應用，線上教育的服務形式也在不斷升級，以 5G、人工智慧、VR 等技術驅動的線上個性化學習是教育產業中十分具有潛力的應用場景。

目前，已有教育機構進行了對人工智慧＋教育的探索。比如作業幫，學生在選擇課程時，作業幫透過智慧分析，可以掌握學生的學習情況，並將學習能力和學習習慣相似的學生分配到一起。這使課程更具針對性，提升教學品質，也可以提升學生的學習興趣。

5G 在教育上的應用尚處於初級階段，線上教育與 5G、傳統教育的結合也不夠緊密，這需要各方多加合作，才能更快地實現更高效的應用。

一方面，線上教育機構應主動與學校合作，透過 5G、人工智慧等技術，幫助學校了解學生學情，幫助教師改善教學。同時，還可為學校和教師搭建平台，開放自身資源，讓教師可以利用線上教育機構的技術優勢，進行現代化、智慧化方式的教學實踐。

另一方面，線上教育機構在課程研發、教學等方面積極借鑑學校的經驗。儘管線上教育機構具有一些技術優勢，但在教育界，學校和教師更具經驗。透過借鑑學校和教師的經驗，線上教育機構可以提升技術應用的精度及效率，也可以更好地指導其未來的技術研發。同時，線上教育機構也能夠透過合作了解學校和教師的需求，方便其進行產品和服務的調整。

經過各方的努力推動技術的進步，未來勢必會出現 5G 在教育上更多的應用場景，而隨著新應用的普及，教育資源稀缺性就會減弱，藉此降低了教育成本。

新技術降低成本主要表現在兩個方面。一方面，以 5G 為依託的線上教育實現了優質教育資源的更廣範圍的共享，可集中利用人才、課程、裝置等資源，提高了資源使用率，降低了教學成本。

另一方面，以 5G 為依託的線上教育打破了時間和空間的限制，學生不必付出額外的交通與住宿費用，節約了教育成本。

總之，5G 透過實現教育資源的共享，為更多的學生提供了相對平等的學習環境，使得教育資源稀缺性減弱，節約了資源使用成本和學生的教育成本，顛覆了傳統的教育模式。

14.3 5G 帶來三個市場機遇

隨著行動通訊網路的快速發展，5G 與教育產業的結合，將為教育產業帶來美好願景，5G、VR 與教育的結合將開啟一種新的教學模式，給教育產業帶來顛覆式的變革。

在全新教育模式的發展和應用中，教育產業將在三個方面存在著巨大的市場機遇。

14.3.1 高傳輸速率，啟動「AR、VR+ 教育」

隨著 5G 時代的到來，由於行動寬頻增強、超高速度、超低時延通信、大規模物聯網應用場景的拓寬，曾經許多難以實現的技術難點被攻克，使得 AR、VR 在教育中的應用成為可能。

結合 5G 之後，VR 教育會擴展更多應用場景，主要表現如下。

（1）可以創造出之前難以實現的場景教學，如地震等災害場景的模擬演習。

（2）可以模擬高成本、高風險的教學場景，如飛機駕駛、手術模擬等。

（3）可以還原歷史或 3D 場景，如史前時代、太空等科普教學。

（4）可以模擬真人陪練，如在語言訓練中讓學生與模擬真人進行對話。

VR、AR 技術可以將宇宙環境、歷史場景等形象真實的模擬出來，滿足學生的學習需求。透過虛實互動形式讓更多的學生參與進來，讓學生有充足的時間去思考和實踐，培養其創新能力。

VR、AR 技術在教育產業的應用，可研發出更多的教學資源，並可透過先進的教學裝置實現虛擬探索、創造更多的互動內容，創新教學方式。沉浸式體驗可以調動學生的學習積極性，讓學生全方位地投入到知識的學習中，讓學生動起來，讓課堂活起來。

1. 課本知識活起來

AR、VR 等技術在教育產業的應用，以國家課程標準為制定課程的基準，分學科、分章節製作。虛擬實境透過模擬真實知識內容，讓課本中的知識生動地展現在眼前，讓課本知識活起來。

2. 學生思維活躍

虛擬實境技術的沉浸式、互動式體驗調動了學生的思維，能夠培養學生的空間感、感知運動和轉化思維的能力，實現更高的學習效率。

3. 教師教學活躍起來

新的教育模式改變了依靠筆和黑板的傳統教學方式，教師透過生動形象的虛擬形象進行教學，豐富了課堂教學的形式。

4. 課堂氣氛活躍

生動的模擬場景使課堂變得活潑有趣。虛擬與現實，教師與學生的互動，加強了教師與學生的聯繫，活躍了課堂氛圍。

5G 在教育產業的應用，帶來了「AR/VR+ 教育」的市場機遇，其成功實現後也會為學生和教師帶來更好的體驗。但目前，由於技術的限制，AR、VR 在教育中的應用還很少，一些採用了新技術的教育產品普及程度也很有限。而 5G 像是催化劑，會加速整個產業的發展。隨著 5G 時代的到來，AR、VR 教育有望突破技術瓶頸，實現更好的發展。

14.3.2 深化人工智慧應用場景

隨著 5G 與人工智慧的結合，人工智慧在教育中的應用會更加智慧。5G 與人工智慧結合後，人工智慧可以更好地與物聯網、大數據等技術融合發展，資料採集會更加全面，演算法模型也會更加最佳化，人工智慧可以更好地輔助學生學習、教師教學和校園管理。

以學生學習為例，一方面，透過語言處理等功能可以快速幫助學生挑選其需要的課程，為其提供精準教學。另一方面，學習體驗也會隨技術進而提升，語音識別等技術會滲透到學習的每個環節，產生更加智慧的工具，使學習過程中各環節效率都得到提升。

目前的人工智慧在教育產業的應用是多樣的，主要表現在以下幾個方面。

1. 自適應學習

自適應學習就是將獲取到的學生的資料分析回饋到知識圖譜中，為學生提供個性化的課程、習題等，提高學生的學習效率和效果。

自適應學習與傳統教學不同，傳統教學通常是以班為單位，教師的教學內容和進度安排都是統一的，而自適應教學是以個人為單位，設定不同的學習內容和進度，使學生的學習更具有針對性。

2. 虛擬學習助手

虛擬學習助手為學生提供陪練、諮詢、助教等服務，教育機構從中能夠為學生提供更智慧的服務，並且可以獲得大量使用者資料回饋。

（1）虛擬助教

由於教育過程中，助教所需要做的業務就是為學生答疑、提醒等功能，這些工作多為簡單重複的腦力工作，因此，人工智慧可以逐漸替代助教業務。

（2）虛擬陪練

課後練習對於學生學習效果的提升十分重要，因此虛擬陪練的產生是十分有意義的。不同的學習內容需要使用的應用也不相同，如理論性學科的練習更為方便，但與實踐相關的學科，如藝術等常常需要搭配智慧硬體來共同達成陪練。

3. 專家系統

專家系統就是在某個學科能夠運用數位化經驗、知識庫，解決此前只有專家才能夠解決的問題。它是人工智慧和大數據結合的結果，有綜合分析的能力，可以獲取和更新知識。

4. 商業智慧

教育機構運營包括多個環節，如推廣招生、客戶服務等，以及平時的活動，如採購、教研等，都可以在人工智慧的幫助下提升其運作的整體效率。

教育商業智慧應用場景是多樣的。如在基礎設施活動中，有財務預測管理等場景；在人力資源活動中，有人才評估、人才培養等應用；在採購中，軟硬體採購、評估可利用人工智慧技術；在教學研發中，有教研體系、備課工具等應用場景；在推廣招生中，有招生平台；在教學過程環節中，有課堂的輔助、作業批改、考試等場景；在客戶服務中，有客戶管理、班級管理等場景。

目前，教育機構在商業智慧化方面通常有兩個方向，分別是運營支援和學情管理。

1. 運營支援

人工智慧在支援教育機構運營方面是十分可行的。可以從學生回饋、學校生態和家長、社會參與度幾個方面對學校進行評估，為學校制定有針對性的調查方案，找出學校的問題並提出解決方案。

2. 學情管理

人工智慧可以為學校提供智慧化教學方案，包括作業管理和課時學情分析等，學校和家長可以透過學情了解學生學習狀況。

目前，老牌教育機構和新興的線上教育機構都有深程度的人工智慧應用布局，內容涵蓋了從學前教育到成人教育等各年齡段、各類型的教育，人工智慧已經成為教育機構的標配。在 5G 下，「人工智慧 + 教育」將朝著更廣、更深的方向發展。

14.3.3「5G+ 物聯網」，教具產業升級

5G 作為數位化建設的基礎，其物聯網的應用特性會推動教具產業發展。目前很多智慧教具的研發，只有智慧性而沒有物聯性。

5G 時代的到來，不僅解決了通訊問題，也解決了人與物之間、物與物之間互連問題。物聯網技術下的應用，使教具產業發生了巨大的改變，其產業升級方向主要有以下幾個方面。

- 硬體（新材料、低耗能）；
- 內容場景化、網際網路化、IP 化；
- 產學研資本融合；
- 教育整合化；
- 教育創新和研發化；
- 教具產業輸出化；
- 教具產業國際化。

因為技術限制，很多教具對資料的採集不是十分全面，資料之間也沒有互通，不同教具的資料不能反映學生整體教育情況。而未來，5G、物聯網成為發展趨勢，教具將朝著研發物聯性的方向發展。

但現在，仍有很多人對「5G+ 網際網路」保持理性、冷靜的態度。目前，5G 在教育產業中的發展相對緩慢。

縱觀線上教育的發展，除了直播教學外，其他作為促進作用的技術還是太少。而 5G+ 教育的產品，多是以體驗為目的進入學校，教育功能並不明顯。

目前的現狀是，大家對 5G 在教育產業的應用保持樂觀的態度，並抱有巨大期待，但有關「5G+ 教育」的應用還處於討論階段，理論上認為會有廣闊的發展前景，而距離實踐還有一段距離。

在這種形勢下，5G 與物聯網的結合，促進教具產業升級就成了十分必要的事情了，其發展對於 5G 在教育產業的應用具有重要意義。

因此，在教育硬體裝置上，應充分利用 5G 與網際網路的優勢，加快研發相關產品的腳步，全力打造低耗能的高性價比產品，同時提高產品的物聯網性，使教育裝置更加智慧。

目前，我們必須明確教育產業正在面臨的處境，什麼樣的嘗試會導致什麼樣的結果，該如何利用新技術促進自身的發展，這是教育機構必須考慮的，在 5G 與物聯網的發展中，只有抓住機遇，才會獲得更大發展。

5G+ 社交，賦予社交新場景

5G 時代的到來和通信傳輸技術的發展帶來了網際網路媒介的變革，5G 以其高速度、大寬頻、低時延等特點，使人們進入更加智慧的時代，對於社交來說，5G 的應用對於未來人們的社交方式將帶來顛覆式的改變。5G 在社交中的應用，將極大地推動 VR 社交的發展，VR 社交以其獨特的特點將給人們帶來更加新奇的體驗。在 5G 推動社交產品發展後，未來的社交方式將存在無限可能。

本章摘要：

15.1 5G 時代，VR 社交獨具特點

5G 在社交中的應用，最突出的就是帶來了 VR 社交，那麼，VR 社交具有哪些方面的特點？

VR 社交具有許多依託新技術產生的、不同於傳統社交的特點，是超越 4G 時代社交的新形態。VR 社交是 5G 發展中社交媒體發展的趨勢，是技術驅動下的潮流。

15.1.1 高度沉浸化

當我們滿足於移動網際網路及手機為溝通帶來的便利時，也要明白，這些終端可能會限制自己對社交的想像力，社交遠不止溝通、交流，社交的體驗也不應只有文字、語音和影片。

在未來，多樣化的裝置被 5G 支援後，社交場景也將從現實擴展到虛擬實境，沉浸式的視覺體驗會讓社交身臨其境。

VR 是依託動態環境建模技術、立體顯示感測器技術、3D 圖形生成技術構建的一種可體驗虛擬世界的模擬系統，透過生成模擬環境讓使用者可以感知 3D 動態，還可以產生互動行為，讓使用者獲得更真實的體驗。

VR 社交的第一個特點就是高度沉浸化，使用者可以頭盔和資料手套等互動裝置，進入虛擬環境中，可以與虛擬環境中的物件互動，就像在現實中一樣。VR 裝置可以封閉使用者的視覺、聽覺，使用戶全心全意投入其中，獲得身臨其境的體驗。

在目前時代的社交媒體的使用中，人們之間的交流始終隔著螢幕，無法

達到現實中交流的真實感，且容易產生訊息被誤解的情況。而在 VR 社交的虛擬實境中，高度沉浸化的體驗可以使人們高度感知虛擬世界中的物件，人們在虛擬世界中的交流也更加真實，訊息也被更準確傳達。

「媒介即訊息」觀點準確地表明了網際網路時代的特點，依託訊息技術而發展的網際網路媒介就是科技發展的符號。縱觀行動通訊技術發展的歷史，1G 主要是提供模擬語音業務；2G 主打數位語音傳輸技術，可執行簡訊文字；3G 提高了傳輸聲音、資料的速度，能夠更好地實現無線漫遊，且可以處理圖像、音訊、影片等媒體形式；4G 在 3G 基礎上又極大地提高了速度，能夠滿足更多使用者對於網路的要求。

從 2G 到 4G 的發展，媒介形態也由文字到圖片、再到影片而發展，由雅虎、新浪為代表的入口網站發展到微信為代表的社交媒體。而即將到來的 5G 更是充滿想像空間，它不僅限於圖像、音訊、影片，還可以借助雲端產生更強大的處理能力，是可以支援 VR 的技術。

15.1.2 互動方式場景化

VR 社交的互動方式場景化是 VR 社交的特點之一。互動方式場景化可給使用者帶來真實的互動體驗，也可以使訊息傳遞更加真實有效。

目前社交媒體是透過文字、圖像、聲音、影片等形式實現的訊息溝通與分享，不能在消遣、遊戲中建立與他人的社會關係。但 VR 社交可以讓使用者獲得多樣的互動方式，可以進入場景中與同伴看電影、做各種遊戲，在虛擬實境中建立社交關係。

互動方式場景化是 VR 社交和傳統社交最大的不同。VR 的改變不是視覺成像，而是互動，VR 社交的互動方式場景化，為使用者帶來了更好的體驗，更方便地解決了現實生活中的一些問題。隨著硬體的不斷發展，VR 在社交中的更多方面被應用，如線上會議、發布會等。

不僅是 VR，未來 AR、VR 的界限也會被虛化。未來社交將從平面變成立體，打破現在的人機互動，實現使用者間的無障礙溝通。

與目前的即時通信不同，VR 社交更注重跨螢幕的深層次互動。如果說傳統社交重視的是訊息的發散，那麼 VR 社交在乎的是共享的體驗。儘管這一切只是模擬，但卻比傳統的語音、影片等更真實、有代入感，能夠滿足使用者日益發展的體驗需求。

互動方式場景化的 VR 社交與傳統社交相比存在三大優勢，即提升視覺享受、增強了互動娛樂性、提高了使用者參與度。

1. 提升視覺享受

傳統社交以圖文訊息為主，但互動方式場景化可以讓使用者在視覺效果上感到震撼。

2. 增強了互動娛樂性

相比於現在的社交軟體，互動方式場景化可以充分發揮互動的娛樂性。比如：在直播互動中，當你在虛擬世界中直播時，觀眾並不是在螢幕外觀看，而是和你在同一個世界中互動。

3. 提高了使用者的參與度

在場景化的互動方式中，使用者能夠做在現實世界中做不到的事情，這會對使用者造成更強的吸引力，提高使用者的參與度。

15.1.3 具有即時性

VR 社交具有即時性是其又一個特點，這種即時性也是區別於傳統社交的優勢之一。

傳統社交借助各種終端進行，不論是文字還是圖片都有一定的延遲性，發出訊息和接收訊息之間有時間間隔，無法立刻還原現實的情景，即使在影片中，一問一答間也會有時間的間隔。但 VR 可以達到和現實世界互動相同的感覺，比如在使用者運動中，裝置會捕捉到變化，經過計算重現，在虛擬世界輸出即時變化場景。

和圖文社交相比，VR 社交更有吸引力。當使用者在虛擬實境中和他人溝通時，可即時感受到對方的反應及回應，可以更真實地感受到對方的情緒。

因為 VR 使用者需頭顯進入虛擬世界，因此文字輸入對於 VR 社交來說就是一件難事。在此種背景下，語音社交為 VR 社交提供了一種可能，比如新增語音系統，讓使用者可以發起語音聊天，並與另一位 VR 使用者進行交談。

即時的語音互動將推動 VR 社交的發展，拉近虛擬世界中人們之間的關係。一家位於美國的初創企業發布了即時影片語音通信的安裝軟體，可嵌入 VR、AR 應用中，使用戶實現虛擬世界裡的即時語音互動。各種 VR 社交應用都能夠應用該安裝軟體，以最佳化自身的社交性能。

15.1.4 非言語傳播

VR 社交可以進行非言語傳播，這是 VR 社交的另一個特點。

在生活中人際交往的語言包括言語傳播和非言語傳播，心理學家研究顯示，非言語傳播中目光語、手勢、臉部表情、舉止，以及觸覺等在人際交流中占比 70%，而言語傳播占比 30%。這意味著，目前的社交媒體只完成了小部分的言語傳播，難以進行非言語傳播。

VR 社交就完美地解決了這一問題。在 VR 社交上，人臉部的表情變化、手勢、動作等可以被捕捉並即時呈現在社交場景中，VR 社交可以透過非言語傳播方式，盡力真實還原。

VR 社交實現了場景互動，微信或各種直播軟體，都無法跨越空間距離，讓使用者相聚在一個地方。VR 打破了空間障礙，可以將不同地方的使用者連接到同一場景中，實現在場溝通。使用者建立角色後，可以使用裝置中包含的一些常用場景，如聚會、開會等，在虛擬實境中，使用者可以上台發言，也能透過動作來傳達想法，如鼓掌等互動。使用者可以和陌生人交流，也可以和現實中的朋友一起聚會，其場景布置雖很簡單，但從中仍能看出這種趨勢已開始展露。

VR 社交不僅能反映現實生活，其未來更讓人充滿想像，它可以提供給使用者自由的空間，並且很多是在現實中無法達到的。在 VR 社交中，使用者可選擇使用真實形象、背景或虛擬形象、背景。VR 甚至能夠讓使用者真實地融入二次元世界，和動漫人物交朋友。VR 社交不是一成不變地複製線下生活，它的目的是為使用者生活提供更多的可能性。

VR 在 5G 的助推下，將重構社交媒體形態，也將讓我們進入到一個與現實世界高度相似的虛擬世界。

15.2 5G 帶動社交產品發展

5G 的發展帶動了社交產品的發展，行動端產品將產生深刻的變革，VR 直播的發展也將催生一批 VR 直播平台。依靠 5G 網路結合企業產品，加強社交屬性，進行良性循環，創造新型的社交產品是企業在未來的生存之道。

15.2.1 行動端產品：影片傳播成為主流

5G 將改變行動端社交方式，影片傳播將成為主流。未來 5G 網路擁有高傳輸速度、大寬頻、低時延等特點。這將使行動端產品的發展產生巨大的變革，以文字為基礎的社交方式將變成以影片為主流，影片社交和短片將更加火爆。

4G 時代因網路速度及費用等阻礙，社交方式仍以文字傳播為主要手段，但隨著 5G 時代來臨，社交方式將不再主要依靠文字或語音，而是透過影片來交流或獲取資料。短片在目前的火爆現象預示出了未來社交的主流方式將變為影片傳播。未來人們之間的交流將主要透過視訊通話來進行，社交分享也會以短片分享為主。

抖音是目前火熱的影片社交 App 之一，隨著 5G 時代來臨，影片社交將快速發展，這也是騰訊封殺微信朋友圈短片的原因一騰訊目前還沒有可以和抖音對抗的短片 App，封殺微信朋友圈短片可以減緩影片社交的發展速度，為騰訊研發短片社交 App 爭取時間。

網際網路的崛起讓人們進入了網路化的世界，而 5G 時代的到來，使更能影響人們生活的行動端 App 快速發展。

行動端 App 的便捷化在滿足手機系統完善需求的同時，更讓我們的生活變得更加豐富多彩，App 已經成了一種流行的生活方式，而面對越來越多的競爭對手，企業又該如何突破市場，立於不敗之地？

據統計顯示，移動 App 的生命週期平均為 10 個月，1 個月時，85% 的使用者會刪除已下載的 App，而 5 個月後，這些 App 的存留率只剩 5%。

「生得快，死得也快」就是對行動端 App 發展的真實寫照，無法長久的局面是目前 App 發展面臨的艱巨挑戰。那麼，行動端 App 怎樣才能衝破發展的瓶頸，提升競爭力？在未來，發展行動端產品的重要內容如圖 15-1 所示。

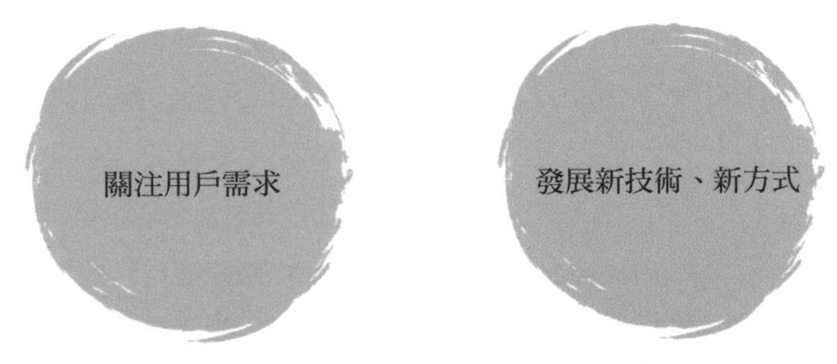

圖 15-1 發展行動端產品的重要內容

1. 關注使用者需求

發展行動端產品對使用者需求的關注必不可少。社會在發展，使用者的需求也在不斷提高，對於企業來說，精準深入的了解使用者的需求是十分困難的。需求細分是創新突破的方法之一，聚焦使用者某一需求並進行完善服務，深入探索才能更長久地發展。

企業必須打破傳統的思維方式，找到精細準確的使用者需求立足點。目前很多企業都習慣簡單粗暴式的發展模式，很少願意細細思索，很多企業都只做表面功夫。因而，企業想要在競爭中獲勝，就要摒棄傳統思考方式，找尋到準確、細分的切入點並深入挖掘。

行動端產品需要有深入的傳播力度。無論產品如何，精準的推廣是其得以火爆的基礎，或借助名人流量，或利用廣告宣傳，只要能在預算內達到令人滿意的流量影響，對產品發展和知名度都會有促進作用。

深入了解使用者需求，以精準的創新思維和完善戰略來打造產品，同時投入有效的傳播推廣，行動端產品自然會有更好的發展前景。

2. 發展新技術、新方式

企業在對於社交產品的研發中，不僅要關注使用者需求，還要緊跟時代發展潮流，才能使產品獲得長遠的發展。

5G 的發展日趨成熟，對人們生活的影響也更加深刻、廣泛，社交產品的研發也要引用新技術。同時，短片的火熱預示了未來影片傳播的發展，在未來的行動端產品中，影片傳播產品將成為發展的主流。

因此在未來，企業要透過引用 5G，加強影片傳播行動端產品的研發，為使用者提供更多的新型社交產品。

隨著 5G 在社交領域的應用，行動端產品中的影片傳播產品將成為主流。企業在行動端產品研發中，要細分使用者需求，以 5G 為依託研發新型的影片傳播產品，同時加強產品的推廣宣傳，這樣才能使行動端產品有更好的發展。

15.2.2 PC 端產品：市場佔有率將進一步減少

隨著 5G 的發展，PC 端產品將逐漸衰落。PC 端產品在 PC 時代曾在人們的生活、工作中發揮了巨大的作用。但隨著移動網際網路的發展，PC 端產品逐漸被行動端產品所替代，但由於 4G 時代網路速度、流量阻礙等，對於流量和速度要求較高的場景仍需要使用寬頻和 WiFi，這使得 PC 端產品留有較大的市場佔有率。

5G 網路擁有的高傳輸速度、大寬頻、低延時等特點，將提高行動端在購物、遊戲、影片領域的市場佔有率。行動端市場佔有率將會加大，PC 端市場佔有率將會減少，加速 PC 端產品的衰落。

產品以使用者需求為前提，其內容、設計理念和所傳達的價值觀，決定著產品的價值。PC 端產品相比行動端產品，存在諸多弊端，主要表現在以下幾個方面。

首先，PC 端可承載的內容十分豐富，而使用者一次接收的訊息是有限的，多餘的訊息會分散使用者的注意力，為其造成困擾。而行動端產品承載的內容少，產品在設計時，就有明確的目標，還要仔細推敲訊息品質和互動方式。

其次，PC 端產品是基於使用者或任務引導的，而行動端產品基於使用者場景，PC 端在靈活的多場景運用上處於劣勢。

最後，PC 端產品的開發週期長，成本高，在與行動端產品的競爭中也處於劣勢。

隨著 5G 的發展，PC 端產品的劣勢將被進一步凸顯，行動端產品的飛速發展也會拉大與 PC 端產品的差距，在市場上占有更多的市場佔有率，PC 端的市場佔有率將會進一步減少。

15.2.3 VR 直播：超高畫質、全景直播

5G 時代的到來將推動 VR 直播火熱發展，VR 直播觀看視角不再受限於固定的螢幕內，而可以隨意變化，給使用者帶來全新的視覺體驗，也增加了影片內容的表現形式。

VR 直播的優勢主要表現在以下幾個方面，如圖 15-2 所示。

圖 15-2 VR 直播的優勢

1. 沉浸感

VR 直播與普通直播最大的區別在於視覺體驗，螢幕將不復存在，每位使用者都是第一視角，觀看範圍也由使用者自己決定。

使用者可以沉浸在現場中，當 VR 直播中是一片大草原時，使用者可看到草原的天空，草地和遠處的羊群，可以撫摸腳下的小草，感受耳邊吹過的微風，這一切都是可以真實感覺到的。

2. 即時性

VR 全景直播沒有影片死角，直播時現場的景象、訊息可以即時獲取。

3. 精準性

由於視角自由，使得內容訊息更加精準，謊言與虛假內容將無處藏身。

VR 直播以其高度沉浸、即時、準確的特點將原本就火熱的直播變得立體、真實，彷彿身臨其境。

VR 直播將改變直播模式，當 VR 技術發展成熟之後，只有 VR 直播的立體體驗才能滿足使用者需求。同時，許多企業都加快了對於 VR 直播應用的研發。

VR 直播將實現不同系統的手機、電視、智顯終端間的互動和訊息的即時共享，使用者能夠在電視中觀看 VR 影片，或掃碼實現 VR 沉浸體驗，使用者可移動式體驗 VR。使用者可實現全景拍攝，並可實現共享互動，也可即時與他人全景直播。

這表明電視將是 VR 直播的重要裝置之一，VR 直播的範圍也會更加廣泛，VR 體驗的普及也將提高。

VR 直播不僅在影視產業大有可為，各行各業都可引入 VR 直播，它普遍存在於社交中的各個方面。

在旅遊中，VR 直播就是十分有效的宣傳工具，給遊客帶來沉浸真實的感受，獲得前所未有的旅遊互動體驗，讓宣傳更具體驗性，激發遊客的旅遊欲望。遊客也可以在出發之前，透過 VR 直播準確獲取景區的環境訊息，避免被照片等欺騙。

在體育賽事中，VR 直播彌補了無法去現場的遺憾，將緊張、激烈的比賽搬至觀眾眼前，戴上 VR 眼鏡便可同步感受比賽情況。

房地產業也可以與 VR 全景直播完美融合，顧客可以在 VR 直播中看房子及周圍的環境，這可以提升顧客的購房體驗，減少其時間成本，縮減交易週期，也減少了房地產企業的人力成本。

VR 直播應用場景的擴展，將為影視、婚慶、教育、農業、企業管理等領域帶來更多的發展空間。

同時全景拍攝硬體裝置和應用的升級最佳化，也使得其使用者將越來越大眾化，未來人人都是 VR 直播的創造者和觀看者。

15.3 5G 下的社交未來

5G 的特性與社交具有高度的適配性，其應用將給未來的社交帶來更加智慧化的體驗，5G 在社交產業的應用具有廣闊的發展前景。在未來，5G 在社交產業的發展將極大地推動 VR 社交、全像影像、觸覺網際網路等應用的發展。

15.3.1 VR 社交：豐富社交場景

VR 社交是指運用 5G、動作捕捉等技術實現的社交。它不同於傳統社交的抽象化，它可讓人完全沉浸到場景中進行互動、能感觸真實的體驗。

VR 社交以其虛擬實境的特點，極大地豐富了人們的社交場景，在未來，VR 社交豐富場景的表現主要有以下三個方面。

1. 對於遊戲

傳統的遊戲都是獨自操控，而 VR 社交遊戲則可以讓使用者和同伴一起體驗一個遊戲，形成多人遊戲的新方式。

VR 社交遊戲有兩種形式，一種是共享觀念，把使用者在虛擬實境中看見的物品分享出來，這時處於一旁的旁觀者可以從螢幕上看到，可共同參與；另一種是多人遊戲，一個玩家用 VR 裝置，另一個用控制器控制的電視或手機，兩個人透過配合玩一個遊戲，這樣在只有一個 VR 裝置的情況下，也可供多人參與其中。

2. 對於休閒娛樂

社交的本質要嘛是「多對多」，如朋友圈、LINE 群組等；要嘛是「一對多」，如 Youtube、Facebook 粉絲團等；要麼是「一對一」，如私訊、現實的約會等。

如一對多中的明星和粉絲的關係，在 VR 時代中，新時代明星依舊火熱，VR 虛擬環境中構建的特效舞台，是無數追求浪漫夢幻的年輕人最喜歡的天地，VR 給了所有人一片屬於自己的自由產業。

在日常休閒娛樂中，VR 社交可依託虛擬實境和體感技術創造休息室、花園等虛擬環境，在這種環境中，人們可以互相對話或玩樂，並且這都是透過第一人稱視角感受的。

習慣了與朋友一起參與集體活動，而使用者卻又身處異鄉時，便可透過 VR 社交與異地的親朋好友一起玩遊戲、逛街。這就是 VR 社交帶來的樂趣，在虛擬場景中不僅能與朋友交流，還能夠真實感觸到對方。

3. 對於辦公

當生病或有事的時候，想請假又憂心工作怎麼辦？有了 VR 社交，也許將變革工作方式，讓使用者可享受在家辦公的樂趣。或許在家辦公更能激發動力，更能舒緩壓力，放鬆心情。

VR 社交的玩法與社交軟體不同的是，虛擬世界是創造一個世界出來，然後使用者自由進行社交活動。這可能是對目前的社交軟體殺傷力最大的玩法了。

15.3.2 全像影像：建模更逼真

全像影像的原理是利用光學原理，使影像在空間浮現出來，並顯現出立體的效果。全像影像螢幕是更先進的顯示裝置，具有高畫質、耐強光、超輕薄等眾多與眾不同的優勢。

例如，全像影像可以顯現出虛擬的立體人物，動作、表情和真人一樣，相比 VR，全像影像的建模更加逼真，同時支援多人多角度觀看，可以帶來更真實的體驗。雖然其有諸多優勢，但其實現難度也很高。

全像影像通信透過 5G 的高速度，可以傳送更大量的 3D 影像訊號，為使用者呈現出更加真實的世界，在互動性上有了巨大飛躍，對網際網路社交有深刻而巨大的影響。目前，三星、Facebook 等科技巨頭都十分注重對該產業技術的研發，更加展示出全像影像技術應用的廣闊前景。

據統計，目前已達千餘家全像投影企業，市場容量也升至百億級別。例如，在 2019 年 3 月 5 日，韓國電信企業在首爾的 K-live 全像影院召開記者會，公開展示了 5G 全像影像通話技術。記者會上，該企業利用 5G 和全像影像投影等技術，實現了韓、美兩地嘉賓同場互動，引發了觀眾對未來通信技術發展的遐想。

該記者會由韓國電信企業和美國 7SIX9 Entertainment 合辦，目的是慶祝「The Greatest Dancer」專輯第一支單曲成功發行，而此專輯是為紀念著名歌星麥可·傑克森誕生 60 周年而製作的。在現場，由韓方負責人透過全像影像與美國洛杉磯負責人通話，邀請洛杉磯美方負責人利用全像影像技術身臨現場，並順利與現場來賓、記者進行即時互動。

此次活動把全像影像系統和 5G 行動網路相結合，在相隔近萬公里的韓、美兩地實現了全像影像通話。可以想像，未來利用該技術，異地的人們可打破空間限制，實現實時同場互動。

目前，透過現有技術水準，5G 全像影像通話技術能夠在演唱會、新聞發布會等活動中實現商業性使用。未來隨著技術的不斷發展，其呈現效果會更加清晰真實。

15.3.3 觸覺網際網路：跨越空間真實接觸

網際網路的發展滿足了人們的視聽需求，那麼如果網際網路能夠帶來人們觸覺的體驗，那將會怎樣？在我們了解了 5G 的優勢及發展狀況之後，就會覺得觸覺透過網際網路打破空間限制，實現真實接觸是十分有可能的。

什麼是觸覺網際網路？觸覺網際網路是指人們可以透過網路控制現實或虛擬的目標，為實現這一操作，觸覺互動需要觸覺控制訊號和圖像、聲音的回饋。

讓觸覺網際網路成為現實，資料傳輸速度的加快必不可少。目前，5G 的速度標準是使資料傳輸速度達到 4G 的數千倍，未來 5G 高速的傳輸速度為未來觸覺網際網路的出現提供了可能。

雖然觸覺網際網路的實現過程十分困難，但這也難擋研究人員對其的興趣。瑞典愛立信已確定要來投資這項科技，韓國三星也認為 5G 可以讓觸覺網際網路變為現實。

假使 5G 已經達到了理想的高速度，對於觸覺網際網路來說，還需要讓使用者接收到觸覺。因此，必須找到為觸覺編碼、把資料轉化的方法。

許多專家和機構都為此項研究做出了實踐。例如，製作由微機電系統組建的感測器，利用此感測器觸碰東西時，觸碰部位會對觸感的強度、重量進行編碼，透過資料轉化讓人感受到不同物體的質感。

還可以把這些觸感資料上傳雲端，使用者可以用感測器把資料轉換成觸覺來體驗。而支援觸覺體驗的裝置可以是手套、類似柔性外骨骼的肌膚，也可以是類似操縱桿的使用者介面。

例如，哈佛就開發了裝有感測器的觸覺接收手套。由功能性紡織品製成，十分靈活。手套裝有低功耗的微處理器和即時監控手套張力的感測器，戴上手套後，人們可以獲得虛擬世界裡真實的觸覺體驗。

觸覺網際網路的應用會給我們未來的生活帶來更多可能，比如，當汽車在行駛過程中發生故障時，透過觸覺網際網路，維修人員在店裡即可遠端進行診斷甚至指導維修。

為了能夠在更多的場景中使用觸覺網際網路，華為也投入了大量人力、物力、財力來研究 5G。相信隨著眾多研究人員的不斷研究，未來觸覺網際網路必將極大地改變我們的生活。

5G 已來，國家與企業之間的競爭

5G 的潛力是無限的，它不僅讓物聯網的智慧裝置成為主流，還改變了未來的社會管理模式，5G 在未來將擁有廣闊的發展前景。5G 的發展必然存在著國家與企業的激烈競爭，不少國家與企業紛紛加快了 5G 研發的腳步。

本章摘要：

16.1 各國的 5G 發展現狀

目前許多國家都十分重視 5G 的發展，美國在部分城市率先推出 5G，並進行 5G 項目的研發；中國正在全方位布局 5G，推進其在各產業的應用；韓國也在緊鑼密鼓地部署 5G，致力於減少通訊延遲；日本也加快了 5G 布局的腳步，希望在 2020 年東京奧運會上使用該項技術。

16.1.1 美國：「先進無線通訊研究計劃」

美國早在 2016 年就已確立了「先進無線通訊研究計劃」，這個計劃重點就是 5G 的研發，因此美國在 5G 的研發應用中比其他國家略勝一籌。

「先進無線通訊研究計劃」的領導機構是美國科學基金會，將花費四億美元，在四座城市建設試驗性的 5G 網路。

這四億美元來自多個渠道，包括美國科學基金會和三星、高通等科技公司。另外，AT & T 和美國行動通訊產業也將為該計劃提供技術支援。

美國科學基金會自 2017 年開始研究 5G 試驗網路，而美國移動運營商 Verizon 等公司，已開始聯合諾基亞進行 5G 網路的研究。

同年 7 月，美國聯邦通信委員會表決決定，將給 5G 網路分配出所需的高頻無線電頻率資源，同時表示，預計第一個成熟的 5G 網路將會在 2020 年啟用。Verizon 等運營商會在此之前率先在幾個城市啟用 5G 網路。

2018 年 10 月，Verizon 推出了 5G Home 服務，有四個城市擁有這項服務的優先使用權，這將使美國家庭擁有快速的無線寬頻體驗。5G Home 是 Verizon 透過聯合多家廠商不斷改進才制定出的標準。

Verizon 推出的 5G 服務是 5G 產業和電信市場的一個里程碑，這是因為它是基於 5G 的寬頻服務第一次的大規模商用發布，該服務展示了 Verizon 如何利用經典的行銷技巧來商用 5G，以推動其市場推廣，並在美國家庭寬頻市場上搶奪市場佔有率。

5G Home 服務平均速度約為 300Mbps，且沒有流量上限。Verizon 已經在休士頓、印第安納波利斯、洛杉磯、薩克拉門托四個城市推出此項服務，其提供室內 5G 家庭網關的免費安裝服務，並可提供室外天線。

Verizon 5G Home 是「先進無線通訊研究計劃」中的成功嘗試，隨著計劃的不斷深入，更多更先進的服務將會不斷產生。

16.1.2 中國：試點城市出爐

2018 年 2 月，世界行動通訊大會在西班牙巴塞隆納開幕，5G 依然是此次大會的亮點。在這次大會上，華為首次推出了 5G 商用晶片，打破了 5G 終端晶片的商用壁壘；中興則推出了 5G 全系列基地台產品，很多製造商宣稱 2019 年 5G 手機將公眾於世。

此外，中國的三大運營商都分別對外宣布了自己的 5G 試點城市，一共包括 13 座城市。中國移動將在杭州、上海、廣州、蘇州、武漢開設試點，並將在其中建設 5G 基地台一百多個。中國聯通將 5G 試驗城市設在北京、天津、上海、深圳、杭州、南京、雄安這幾個城市。中國電信將在成都、雄安、深圳、上海、蘇州、蘭州這幾個城市開通 5G 試點。

三大運營商的試點城市一共有 13 座，以後還會透過觀察試點的情況，增加試驗城市的數量。在這三大運營商的試點中，上海是所選的試點城市中都被三大運營商選中的城市。

試點城市的選擇不是隨意的，都選擇在了經濟發達、交通便利、人口密集的城市展開。涉及二十餘個應用場景，覆蓋城區、郊區、湖面、城中村等地區，並將建設廣泛的車聯網區域。

除了試點城市外，中國移動還將在北京、深圳等 12 個城市開展 5G 業務應用示範，主要包括在增強現實、虛擬實境、無人機等方面的應用。

在未來，隨著三大運營商在 5G 領域的研究發展，5G 也將擴展到更多的城市和地區，最後遍及全國。

16.1.3 韓國：冬季奧運會啟用 5G 通信

韓國 5G 的發展也有所成效，在 2018 年韓國就將 5G 使用在了平昌冬季奧運會中。

韓國在冬奧會上使用了導航工具—AR Ways，它可以為觀眾提供導航路線，也可以幫助觀眾精確地找到奧運會場的座位。平昌奧運會還使用了 G80 無人駕駛汽車，接送觀眾往返會場，為了保證訊號的快與穩定，韓國在冬奧會的舉辦城市實現了 5G 的覆蓋。

韓國這場冬奧會的轉播也利用了前所未有的方式一虛擬實境賽事轉播，讓觀眾可以選擇不同的角度來觀看比賽，也可以隨意對比賽進行重播。這場韓國的冬奧會讓觀眾有了與傳統觀看體育賽事不一樣的感受。

韓國冬季奧運會率先使用了 5G 通信技術，這也讓運動員得到了更好的體驗，例如：為滑雪運動員專門設計的運動服，可以在賽事上發生緊急情況下幫助運動員防止出現身體上的傷害；一種新的碳纖維、更輕更強的雪橇的出現，讓運動員可以更好地運用雪橇，賽出好成績。

韓國冬奧會啟用的 5G 通信讓觀眾感受到 5G 所帶來的不一樣的震撼體驗，這也讓各個國家都要加快部署研究 5G 的發展步伐。

16.1.4 日本：東京奧運會前實現 5G 商用

日本為了 2020 年東京奧運會的開幕，不斷進行 5G 研發，並希望在 2020 年東京奧運會上應用該技術。

日本三大電信運營商 2020 年將會在部分地區推出 5G 服務，約到 2023 年將 5G 服務於日本整個國家。日本在 5G 的實驗將主要應用於娛樂和旅遊方面，還將利用 5G 解決偏遠地區的勞動力和資源短缺的問題。

日本將會在 2020 年東京奧運會上應用 360 度視角的 8K 高畫質影片。對於那些距離較遠的比賽項目，觀眾不必再使用望遠鏡進行觀看，就能夠觀看到運動員的在運動場上的精彩賽事。借助虛擬實境體驗和 5G 網路的快速穩定，觀眾透過電視、頭盔或無線裝置可以觀看到虛擬實境的比賽。

透過感測器和 5G 的應用能夠改變觀眾的出行方式。例如，將人臉識別技術應用於場館入口與保全等場景。保證場館入口的智慧化，又保證了進入場館的觀眾的安全。

運動員透過 5G 進行訓練和比賽，這對運動員來說也是新的競爭方式。在訓練時透過獲取資料並進行分析，有利於運動員有針對性地調整訓練，提高競爭力。

在 5G 的推動下，運動員透過智慧裝置進行虛擬實境模擬，有利於幫助運動員提升自身能力。

16.2 各有優勢的四大主流 5G RAN 供應商

在 5G 商用的部署的不斷發展中，5G RAN 供應商的出現加速了 5G 的發展。

各大供應商的透過對這些標準版本的不斷測試，為以後的標準定稿。這有利於 5G 的穩定性和安全性，同時，也可以確保供應商的 5G 解決方案在網路中更具有可操作性。

16.2.1 華為：5G 願景核心為 Cloud RAN

在未來，無線產業將因邁向 5G 而產生巨大變化，由於網路架構的不同，如何實現 4G 與 5G 的無縫銜接是發展 5G 的重點問題。華為將雲端技術引入無線網路，提出 Cloud RAN 架構，以此構架來滿足未來 5G 產業發展的要求。

Cloud RAN 架構經歷了三個階段的發展，最終才出現核心的 Cloud RAN。

第一階段是傳統的 Cloud RAN。運營商在對網站進行建立的時候，每一種的接入制式都是單獨硬體設計，並有獨立的運營團隊。

第二階段是 Single RAN。在不同制式下，所有的制式使用同一個硬體，共同傳輸，共同進行網管。這樣可以減少運營商規劃和維護的成本。

第三階段才是核心 Cloud RAN。將雲端的技術連接到無線接入網，Cloud RAN 可以支援不同 NR 技術的接入，其中有三個要點。

- 雲端化架構：在雲端化架構的體系下，可以使 Cloud RAN 具有靈活的結構，保證 5G 的穩定性。
- 多技術連接：Cloud RAN 新架構增加了系統的原生能力，讓資源可以最大程度的融合，讓使用者感受到極致的體驗，以此來應對業務的不確定性。
- 即時與非即時分層結構：在此結構下，網路功能可實現按需配置和管理，使用更加靈活，滿足了商用的要求。

Cloud RAN 的驅動力來自三個方面。一是來自運營商的商業驅動，要想發展 5G 網路、滿足產業需求，並將業務擴展至不同產業。運營商必須有靈活的網路架構，需要雲端技術對目前網路架構進行改造，而 Cloud RAN 就可為這種改造提供技術支援。

二是來自使用者體驗的驅動，目前的手機終端只能在單連接的前提下進行工作，若能同時接收不同站點的訊號，使用者體驗速將得到顯著提升。Cloud RAN 能夠將全部接入技術統一於一個平台，以多連接的方式使用戶獲得極致體驗。

三是來自運營商頻譜的驅動，很多運營商都會擁有 7、8 個頻段，離散頻譜的現狀是 5G 發展的難點，運營商需要考慮怎樣高效地利用頻譜來為使用者服務。而 Cloud RAN 可以幫助運營商有效的利用頻譜來完成其目標。

Cloud RAN 將成為 5G 無線接入網部署的新標準，能夠滿足更多的訴求，因此在未來，它可以幫助運營商挖掘更多的商業機會。

16.2.2 愛立信：推出新 RAN 產品組合

為了滿足供應商的需要，愛立信推出了 RAN Compute 產品，其架構可以靈活地分發 RAN 功能。

除了四個新的 RAN Compute 產品，其產品組合還包括基帶，提供更高容量的網路服務。新的基帶使供應商能夠部署 RAN 功能，而新的 RAN 無線電處理器使 RAN 功能更靠近無線電裝置，以便增強寬頻、降低延遲。

愛立信推出了新的頻譜共享軟體，能夠實現同一頻段的 4G 和 5G 間的無縫銜接。如果將某些 4G 頻譜格式化為 5G，這項技術就可以派上用場。不是將整個頻譜轉換為 5G，而是轉化被需要的那一部分。也就是說，如果存在 5G 使用者，則基地台就會轉化一部分頻譜資源提供給 5G，如果沒有 5G 使用者，則將頻譜資源分配給 4G。

愛立信還透過增加 Juniper 網路，以及依託 ECI 電信技術來解決其傳輸問題。愛立信路由器 6000 系列將補充進 Juniper 網路的核心解決方案，使其完成從無線電小區到核心的連接，提高 5G 系統的效能。

愛立信還將與彈性網路解決方案的供應商 ECI 達成合作，補充其地鐵光傳輸產品。Juniper 和 ECI 的傳輸解決方案可為愛立信的傳輸產品提供技術支援，使其擁有更好的傳輸功能。

16.2.3 諾基亞：發布「5G-Ready」AirScale

2016 年，諾基亞就已建設了「5G-Ready」AirScale 基地台，雖然在 MIMO 的商用化上，諾基亞的發展速度比較慢，但諾基亞推廣了 MEC 技術，其 Cloud RAN 產品也很全面，包括基地台和虛擬控制器。

諾基亞 AirScale 將目光放在不同無線類型的市場上，力求在同一基地台上提供對多種網路標準的支援。AirScale 基地台可以強力覆蓋更多的區域，物聯網裝置也將得益於此。

同時，諾基亞也透過尋找未授權頻譜來填補連接上的空白。AirScale Wi-Fi 也會提供小型接入點和小型 Wi-Fi 模組。

諾基亞於 2017 年推出了 Anyhaul 移動承載解決方案，包括用於前傳、中傳、回傳的 5G Ready 解決方案，包括微波、光纖、IP、寬頻幾個部分。諾基亞的 5G 承載解決方案以 10GE 站點連接作為標準，並實現 SDN 和虛擬化，以滿足更高的業務要求。

5G 革命

作　　者：許宏金
企劃編輯：莊吳行世
文字編輯：詹祐甯
設計裝幀：張寶莉
發 行 人：廖文良

發 行 所：碁峰資訊股份有限公司
地　　址：台北市南港區三重路 66 號 7 樓之 6
電　　話：(02)2788-2408
傳　　真：(02)8192-4433
網　　站：www.gotop.com.tw
書　　號：ACN035900
版　　次：2020 年 09 月初版
建議售價：NT$350

國家圖書館出版品預行編目資料

5G 革命 / 許宏金原著. -- 初版. -- 臺北市：碁峰資訊, 2020.09
面；　公分
ISBN 978-986-502-565-6(平裝)
1.無線電通訊業　2.技術發展　3.產業發展
484.6　　109010131

讀者服務

- 感謝您購買碁峰圖書，如果您對本書的內容或表達上有不清楚的地方或其他建議，請至碁峰網站：「聯絡我們」\「圖書問題」留下您所購買之書籍及問題。（請註明購買書籍之書號及書名，以及問題頁數，以便能儘快為您處理）
http://www.gotop.com.tw

- 售後服務僅限書籍本身內容，若是軟、硬體問題，請您直接與軟體廠商聯絡。

- 若於購買書籍後發現有破損、缺頁、裝訂錯誤之問題，請直接將書寄回更換，並註明您的姓名、連絡電話及地址，將有專人與您連絡補寄商品。